图机器学习

[美] 克劳迪奥·斯塔迈尔　等著

马京京　译

清华大学出版社

北　京

内 容 简 介

本书详细阐述了与图机器学习相关的基本解决方案，主要包括图的基础知识、图机器学习概述、无监督图学习、有监督图学习、使用图机器学习技术解决问题、社交网络图、使用图进行文本分析和自然语言处理、信用卡交易的图分析、构建数据驱动的图应用程序和图的新趋势等内容。此外，本书还提供了相应的示例、代码，以帮助读者进一步理解相关方案的实现过程。

本书适合作为高等院校计算机及相关专业的教材和教学参考书，也可作为相关开发人员的自学用书和参考手册。

北京市版权局著作权合同登记号 图字：01-2021-6995

Copyright © Packt Publishing 2021.First published in the English language under the title
Graph Machine Learning.

Simplified Chinese-language edition © 2022 by Tsinghua University Press.All rights reserved.

本书中文简体字版由 Packt Publishing 授权清华大学出版社独家出版。未经出版者书面许可，不得以任何方式复制或抄袭本书内容。

本书封面贴有清华大学出版社防伪标签，无标签者不得销售。
版权所有，侵权必究。举报：010-62782989，beiqinquan@tup.tsinghua.edu.cn。

图书在版编目（CIP）数据

图机器学习 /（美）克劳迪奥·斯塔迈尔等著；马京京译. —北京：清华大学出版社，2022.6
书名原文：Graph Machine Learning
ISBN 978-7-302-60959-9

Ⅰ．①图… Ⅱ．①克… ②马… Ⅲ．①机器学习 Ⅳ．①TP181

中国版本图书馆 CIP 数据核字（2022）第 089013 号

责任编辑：贾小红
封面设计：刘 超
版式设计：文森时代
责任校对：马军令
责任印制：朱雨萌

出版发行：清华大学出版社
　　　　　网　　　址：http://www.tup.com.cn，http://www.wqbook.com
　　　　　地　　　址：北京清华大学学研大厦 A 座　　　邮　　　编：100084
　　　　　社 总 机：010-83470000　　　　　邮　　　购：010-62786544
　　　　　投稿与读者服务：010-62776969，c-service@tup.tsinghua.edu.cn
　　　　　质量反馈：010-62772015，zhiliang@tup.tsinghua.edu.cn
印 装 者：北京鑫海金澳胶印有限公司
经　　销：全国新华书店
开　　本：185mm×230mm　　　印　　张：17.75　　　字　　数：354 千字
版　　次：2022 年 6 月第 1 版　　　印　　次：2022 年 6 月第 1 次印刷
定　　价：109.00 元

产品编号：093767-01

译　者　序

哲学中说，世界上的万事万物都是有机联系在一起的，而在图论中，万物都可以表示为一个节点，它们之间的联系则可以视为在节点之间添加的一条边。因此，使用图可以对我们要了解的事物进行很好的建模，而图机器学习的任务则是从既有事物的图表示中学习，以识别其模式，通过客观数据的映射和聚合，提取出最符合客观联系的见解，并预测其未来。

人类的智慧很善于总结和归纳，但很多时候可能只是唯心的解释。例如，中世纪曾经多次发生北方游牧民族南下入侵的事件，历史学家可能会根据其时其地部落征战和各国政局势力的变化，解释每一场战争发生的原因；而地理学家则根据地球气候变化，倾向于认为北方气温骤降导致游牧民族的大量牛羊被冻死，部落生存遇到困难，从而只能依靠发动战争来掠夺财富。哪个见解更有说服力？这可能是一个见仁见智的问题。

图机器学习在这方面有独特的优势。与人类的想当然不同，图机器学习通过建立合适的模型并输入大量的客观数据，提取出一些客观见解，识别人类想象不到的一些模式。例如，在国际洗钱犯罪过程中，犯罪分子不再一次性地从一张卡中转移大量钱款，而是分批多次多形式转移，并且会通过构建一个复杂的、人力无法追查清楚的洗钱网络来掩蔽痕迹。但是，通过图机器学习就能明明白白地找到这些密集连接的节点，将犯罪分子自以为神不知鬼不觉的秘密联系清清楚楚地揭示出来。

图机器学习在神经科学、化学和生物学等学科领域以及计算机视觉、图像分类、场景理解和推荐系统等领域都有应用。本书从有关图论和图数据库的基础知识开始，详细介绍了图的度量指标和网络模型等，按层次结构深入探讨了无监督图学习算法（包括浅层嵌入、自动编码器和图神经网络等）和有监督图学习算法（包括基于特征的方法、浅层嵌入、图正则化和图卷积神经网络等），并演示了其实际应用。本书还详细讨论了图机器学习的高级应用，包括社交网络图的网络拓扑和社区检测、使用图进行文本分析和自然语言处理、信用卡欺诈交易检测以及为构建数据驱动的图应用程序搭建合理的架构等。最后，本书还介绍了图机器学习的未来发展趋势。

在翻译本书的过程中，为了更好地帮助读者理解和学习，以中英文对照的形式保留了大量的原文术语，这样的安排不但方便读者理解书中的代码，而且有助于读者通过网络查找和利用相关资源。

　　本书由马京京翻译，此外黄进青也参与了部分翻译工作。由于译者水平有限，疏漏之处在所难免，在此诚挚欢迎读者提出任何意见和建议。

译　者

前　　言

图机器学习提供了一组新的工具，用于处理网络数据，并且可以充分发挥实体之间关系的作用，执行预测、建模和分析任务。

本书首先简要介绍了图论和图机器学习，以帮助读者了解它们的潜力。然后，讨论了图表示学习的主要机器学习模型，包括它们的目的、工作方式以及如何在有监督和无监督学习应用中实现。读者将跟随本书构建一个完整的机器学习管道，包括数据处理、模型训练和预测，以充分利用图数据的潜力。接下来，读者将被引入真实世界的场景，例如使用图从金融交易系统和社交网络中提取数据、执行文本分析和自然语言处理。最后，读者将学习如何构建和扩展用于图分析的数据驱动应用程序以存储、查询和处理网络信息。

通读完本书之后，读者将能够掌握图论的基本概念以及用于构建成功的机器学习应用程序的大多数算法和技术。

本书读者

本书适用于希望利用嵌入在数据点之间的连接和关系中的信息，解开隐藏结构并利用拓扑信息来提高分析和模型性能的数据分析师、图开发人员、图分析师和图专业人员。

本书对于想要构建机器学习驱动的图数据库的数据科学家和机器学习开发人员也很有用。当然，读者需要对图数据库和图数据有初级的理解。要充分利用本书，读者可能还需要有关 Python 编程和机器学习的中级知识。

内容介绍

本书分为 3 篇，共 10 章，具体介绍如下。

❑ 第 1 篇 "图机器学习简介"，包括第 1 章和第 2 章。

➢ 第 1 章 "图的基础知识"，通过使用 networkx Python 库介绍图论中的一些基本概念。

> ➢ 第2章"图机器学习概述"，阐释了图机器学习和图嵌入技术的主要概念。
- ❑ 第2篇"基于图的机器学习"，包括第3章～第5章。
  - ➢ 第3章"无监督图学习"，详细介绍了无监督图嵌入方法。
  - ➢ 第4章"有监督图学习"，详细介绍了有监督图嵌入方法。
  - ➢ 第5章"使用图机器学习技术解决问题"，讨论了基于图的最常见的机器学习任务。
- ❑ 第3篇"图机器学习的高级应用"，包括第6章～第10章。
  - ➢ 第6章"社交网络图"，演示了机器学习算法在社交网络数据上的应用。
  - ➢ 第7章"使用图进行文本分析和自然语言处理"，演示了机器学习算法在自然语言处理任务中的应用。
  - ➢ 第8章"信用卡交易的图分析"，演示了机器学习算法在信用卡欺诈交易检测中的应用。
  - ➢ 第9章"构建数据驱动的图应用程序"，探讨了一些对处理大型图有用的技术和技巧。
  - ➢ 第10章"图的新趋势"，展望了图机器学习中的一些新趋势（算法和应用）。

充分利用本书

Jupyter 或 Google Colab Notebook 足以涵盖本书绝大部分示例。对于某些章节，可能还需要 Neo4j 和 Gephi。

本书软硬件和操作系统需求如表 P-1 所示。

表 P-1　软硬件和操作系统需求表

本书涵盖的软件	操作系统需求
Python	Windows、macOS 或 Linux（任何版本）
Neo4j	Windows、macOS 或 Linux（任何版本）
Gephi	Windows、macOS 或 Linux（任何版本）
Jupyter 或 Google Colab Notebook	Windows、macOS 或 Linux（任何版本）

建议读者通过 GitHub 存储库下载代码，这样做将帮助读者避免任何与代码的复制和粘贴有关的潜在错误。

下载示例代码文件

读者可以直接访问本书在 GitHub 上的存储库以下载示例代码文件，其网址如下：

https://github.com/PacktPublishing/Graph-Machine-Learning

如果代码有更新，也会在现有 GitHub 存储库上更新。

下载彩色图像

我们还提供了一个 PDF 文件，其中包含本书中使用的屏幕截图/图表的彩色图像。可以通过以下地址下载：

https://static.packt-cdn.com/downloads/9781800204492_ColorImages.pdf

本书约定

本书使用了许多文本约定。

（1）文本中的代码字、数据库表名、文件夹名、文件名、文件扩展名、路径名、虚拟 URL、用户输入和 Twitter 句柄等采用以下方式表示。

网络数据集的另一个有价值的来源是斯坦福网络分析平台（Standford network analysis platform，SNAP），其网址如下。

https://snap.stanford.edu/index.html

（2）有关代码块的设置如下。

```
html, body, #map {
 height: 100%;
 margin: 0;
 padding: 0
}
```

（3）要突出代码块时，相关行将加粗显示。

```
Jupyter==1.0.0
networkx==2.5
matplotlib==3.2.2
node2vec==0.3.3
karateclub==1.0.19
scipy==1.6.2
```

（4）任何命令行输入或输出都采用如下所示的粗体代码形式。

```
$ mkdir css
$ cd css
```

（5）术语或重要单词采用中英文对照形式，在括号内保留其英文原文。示例如下。

在计算机科学中，图的组成结构可以描述为：一个图就是一些顶点（Vertice）的集合，这些顶点通过一系列边（Edge）结对（连接）。顶点用圆圈表示，边就是这些圆圈之间的连线。顶点之间通过边连接。

（6）对于界面词汇或专有名词将保留英文原文，在括号内添加其中文名称。示例如下。

Fashion-MNIST 数据集有 10 个类别，由 6 万幅+1 万幅（训练数据集+测试数据集）、28×28 像素的灰度图像组成，其具体分类包括：T-shirt（T 恤）、Trouser（裤子）、Pullover（套头衫）、Dress（连衣裙）、Coat（外套）、Sandal（凉鞋）、Shirt（衬衫）、Sneaker（运动鞋）、Bag（包）和 Ankle boot（短靴）。

（7）本书还使用了以下两个图标。

表示警告或重要的注意事项。

表示提示或小技巧。

关 于 作 者

Claudio Stamile 于 2013 年 9 月获得 Calabria 大学（位于意大利南部城市科森扎）计算机科学硕士学位，并于 2017 年 9 月获得鲁汶大学（位于比利时鲁汶）和里昂第一大学（位于法国里昂）联合博士学位。在职业生涯中，Claudio Stamile 在人工智能、图论和机器学习方面拥有扎实的背景，并专注于生物医学领域。他目前是 CGnal 的高级数据科学家，CGnal 是一家致力于帮助顶级客户实施数据驱动战略和构建人工智能驱动解决方案，以提高效率和支持新商业模式的咨询公司。

Aldo Marzullo 于 2016 年 9 月获得 Calabria 大学（位于意大利南部城市科森扎）计算机科学硕士学位。学习期间，他在算法设计、图论和机器学习等多个领域拥有扎实的背景。2020 年 1 月，他获得鲁汶大学（位于比利时鲁汶）和里昂第一大学（位于法国里昂）联合博士学位。论文题目为 *Deep Learning and Graph Theory for Brain Connectivity Analysis in Multiple Sclerosis*（《多发性硬化症脑连接分析的深度学习和图论》）。他目前是 Calabria 大学的博士后研究员，并与多家国际机构合作。

Enrico Deusebio 目前是 CGnal 公司的首席运营官。十多年来，他一直使用高性能设备和大型计算中心进行数据和大规模模拟。他兼具学术和行业背景，曾与剑桥大学、都灵大学、斯德哥尔摩皇家理工学院等一流大学合作，并于 2014 年在斯德哥尔摩皇家理工学院获得博士学位。他还拥有都灵理工大学航空航天工程学士学位和硕士学位。

关于审稿人

    Kacper Kubara 是 Artemo 公司的技术联合创始人和 Annual Insight 公司的数据工程师，目前正在阿姆斯特丹大学攻读人工智能研究生学位。尽管他的研究重点是图表示学习，但他也对有助于沟通 AI 行业和学术界的工具和方法感兴趣。

    Tural Gulmammadov 一直在 Oracle 公司领导一组数据科学家和机器学习工程师解决来自各个行业的应用机器学习问题。他致力于图论和离散数学在机器学习（分布式计算环境下）中的应用。他是一名认知科学、统计学和心理学爱好者，并拥有广泛的运动兴趣。

目 录

第1篇 图机器学习简介

第2篇　基于图的机器学习

第 3 篇　图机器学习的高级应用

第 1 篇

图机器学习简介

本篇将简要介绍图机器学习的基础概念，演示图与正确的机器学习算法相结合的潜力。此外，本篇还将提供图论和 Python 库的一般性概述，以使读者可以处理（即创建、修改和绘制）图数据结构。

本篇包括以下章节：

☐ 第 1 章，图的基础知识。

☐ 第 2 章，图机器学习概述。

第 1 章　图的基础知识

图是用于描述实体之间关系的数学结构，几乎无处不在。例如，社交网络就是图，其中用户的连接取决于一个用户是否关注（Follow）另一个用户的更新。图也可用于表示地图，其中城市通过街道相连。图还可以描述生物结构、网页，甚至神经退行性疾病的进展。

图论（Graph Theory）即有关图的研究，多年来一直受到广泛关注，这促使人们开发算法、识别属性和定义数学模型，以更好地理解复杂行为。

本章将阐释图结构数据背后的一些概念。我们将介绍理论概念和示例，以帮助读者理解一些一般性的概念并能应用于实践。

此外，本章还将介绍和使用一些广泛用于创建、操作和研究复杂网络的结构动态和功能的库，特别是 networkx Python 库。

本章包含以下主题。

❑　通过 networkx 介绍图。

❑　绘制图。

❑　图属性。

❑　基准数据集和存储库。

❑　处理大图。

1.1　技术要求

本书所有练习都使用了包含 Python 3.8 的 Jupyter Notebook。以下代码片段显示了本章将使用 pip 安装的 Python 库列表。其使用方法为，在命令行中运行 pip install networkx==2.5 等。

```
Jupyter==1.0.0
networkx==2.5
snap-stanford==5.0.0
matplotlib==3.2.2
pandas==1.1.3
scipy==1.6.2
```

本书将参考使用以下 Python 命令。

```
import networkx as nx
import pandas as pd
import numpy as np
```

对于更复杂的数据可视化任务，还需要 Gephi，其网址如下。

https://gephi.org/

其安装手册网址如下。

https://gephi.org/users/install/

与本章相关的所有代码文件都可以在以下网址获得。

https://github.com/PacktPublishing/Graph-Machine-Learning/tree/main/Chapter01

1.2　图 的 定 义

现在我们将对图论进行一般性介绍。为了将理论概念与其实际实现相结合，我们将通过 networkx 使用 Python 中的代码片段来丰富理论介绍。

在计算机科学中，图的组成结构可以描述为：一个图就是一些顶点（Vertice）的集合，这些顶点通过一系列边（Edge）结对（连接）。顶点用圆圈表示，边就是这些圆圈之间的连线。顶点之间通过边连接。

因此，一个图中最重要的元素是节点（Node）和关系（Relationship）。节点指的就是顶点，关系指的就是边，也称为链接（Link）。

一个简单的无向图（Undirected Graph）也可以简称为图，它可以被定义为以下形式：

$$G = (V,E)$$

其中：

❏　G 指的是图（Graph）。

❏　V 指的是节点（Node）或顶点（Vertice）的集合。即：

$$V=\{v_1,..., v_n\}$$

❏　E 指的是连接节点的边（Edge）的集合。请注意，由于节点是两两连接的，因此 E 是由两个元素组成的集合的集合，表示属于 V 的任何两个节点之间的连接。即：

$$E=\{\{v_k,v_w\},..., \{v_i,v_j\}\}$$

需要强调的是，由于 E 的每个元素都是由两个元素组成的集合，因此每条边之间没有顺序。也就是说，$\{v_k, v_w\}$ 和 $\{v_w, v_k\}$ 表示的是相同的边。

现在提供图和节点的一些基本属性的定义，如下所示。

❑ 图的阶（Order）数是它的顶点数 $|V|$。图的大小（Size）是它的边数 $|E|$。

❑ 顶点的秩数（Degree，也称为度）是与其连接的边数。图 G 中顶点 v 的邻接点（Neighbor，也称为邻居）是所有与 v 相邻的顶点 V' 的子集。

❑ 图 G 中顶点 v 的邻域图（Neighborhood Graph，也称为 ego 图）是 G 的子图，由与 v 相邻的顶点和所有连接到与 v 相邻的顶点的边组成。

图 1.1 显示了一个图的示例。

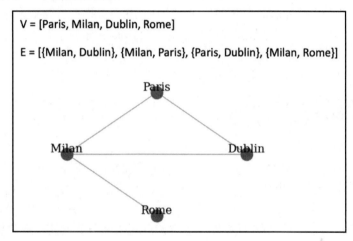

图 1.1　图示例

原　文	译　文	原　文	译　文
Paris	巴黎	Dublin	都柏林
Milan	米兰	Rome	罗马

在图 1.1 所示的图中，由于没有方向，从米兰到巴黎的边就等于从巴黎到米兰的边。因此，可以在没有任何约束的情况下在两个方向上移动。如果分析图 1.1 中描绘的图的属性，即可看到：

❑ 该图的阶数和大小等于 4（总共有 4 个顶点和 4 条边）。

❑ 顶点巴黎和都柏林的度为 2，米兰的度为 3，罗马的度为 1。

每个节点的邻居如下所示。

```
Paris = {Milan, Dublin}
Milan = {Paris, Dublin, Rome}
```

```
Dublin = {Paris, Milan}
Rome = {Milan}
```

同样的图在 networkx 中的表示如下。

```
import networkx as nx
G = nx.Graph()
V = {'Dublin', 'Paris', 'Milan', 'Rome'}
E = [('Milan','Dublin'), ('Milan','Paris'), ('Paris','Dublin'),
('Milan','Rome')]
G.add_nodes_from(V)
G.add_edges_from(E)
```

由于默认情况下 nx.Graph()命令将生成一个无向图，因此不需要指定每条边的两个方向。在 networkx 中，节点可以是任何可哈希的对象，如字符串、类，甚至其他 networkx 图等。现在来计算一下之前生成的图的一些属性。

运行以下代码可以获得该图的所有节点和边。

```
print(f"V = {G.nodes}")
print(f"E = {G.edges}")
```

上述命令的输出如下。

```
V = ['Rome', 'Dublin', 'Milan', 'Paris']
E = [('Rome', 'Milan'), ('Dublin', 'Milan'), ('Dublin','Paris'),
('Milan', 'Paris')]
```

还可以使用以下命令计算图的阶数、图的大小以及每个节点的度和邻居。

```
print(f"Graph Order: {G.number_of_nodes()}")
print(f"Graph Size: {G.number_of_edges()}")
print(f"Degree for nodes: { {v: G.degree(v) for v in G.nodes} }")
print(f"Neighbors for nodes: { {v: list(G.neighbors(v)) for v
in G.nodes} }")
```

其输出结果如下。

```
Graph Order: 4
Graph Size: 4
Degree for nodes: {'Rome': 1, 'Paris': 2, 'Dublin':2, 'Milan': 3}
Neighbors for nodes: {'Rome': ['Milan'], 'Paris': ['Milan', 'Dublin'],
'Dublin': ['Milan', 'Paris'], 'Milan': ['Dublin', 'Paris', 'Rome']}
```

最后，还可以为图 G 计算特定节点的 ego 图，代码如下。

```
ego_graph_milan = nx.ego_graph(G, "Milan")
```

```
print(f"Nodes: {ego_graph_milan.nodes}")
print(f"Edges: {ego_graph_milan.edges}")
```

其输出结果如下。

```
Nodes: ['Paris', 'Milan', 'Dublin', 'Rome']
Edges: [('Paris', 'Milan'), ('Paris', 'Dublin'), ('Milan', 'Dublin'),
('Milan', 'Rome')]
```

还可以通过添加新节点和/或边来修改原始图，代码如下。

```
# 添加新的节点和边
new_nodes = {'London', 'Madrid'}
new_edges = [('London','Rome'), ('Madrid','Paris')]
G.add_nodes_from(new_nodes)
G.add_edges_from(new_edges)
print(f"V = {G.nodes}")
print(f"E = {G.edges}")
```

其输出结果如下。

```
V = ['Rome', 'Dublin', 'Milan', 'Paris', 'London', 'Madrid']
E = [('Rome', 'Milan'), ('Rome', 'London'), ('Dublin', 'Milan'),
('Dublin', 'Paris'), ('Milan', 'Paris'), ('Paris', 'Madrid')]
```

可以通过运行以下代码来移除节点。

```
node_remove = {'London', 'Madrid'}
G.remove_nodes_from(node_remove)
print(f"V = {G.nodes}")
print(f"E = {G.edges}")
```

上述命令的输出结果如下。

```
V = ['Rome', 'Dublin', 'Milan', 'Paris']
E = [('Rome', 'Milan'), ('Dublin', 'Milan'), ('Dublin', 'Paris'),
('Milan', 'Paris')]
```

正如预期的那样，所有包含已删除节点的边都会自动从边列表中删除。

此外，还可以通过运行以下代码来删除边。

```
node_edges = [('Milan','Dublin'), ('Milan','Paris')]
G.remove_edges_from(node_edges)
print(f"V = {G.nodes}")
print(f"E = {G.edges}")
```

最终输出结果如下。

```
V = ['Dublin', 'Paris', 'Milan', 'Rome']
E = [('Dublin', 'Paris'), ('Milan', 'Rome')]
```

networkx 库还允许使用以下命令从图 G 中删除单个节点或单条边。

```
G.remove_node('Dublin')
G.remove_edge('Dublin', 'Paris')
```

1.3 图 的 类 型

在 1.2 节"图的定义"中，描述了如何创建和修改简单的无向图。现在，我们将演示如何扩展这个基本数据结构以封装更多信息，这要归功于有向图（Directed Graph，DiGraph）、加权图（Weighted Graph）和多重图（Multigraph）的引入。

1.3.1 有向图

有向图 G 同样被定义为 $G=(V, E)$，其中 V 是节点的集合，$V=\{v_1,..., v_n\}$，而 E 则是有序对的集合，$E=\{(v_k,v_w),..., (v_i,v_j)\}$，表示属于 V 的两个节点之间的连接。

请注意，由于 E 的每个元素都是有序对，因此它将强制执行连接的方向。例如，边 (v_k,v_w) 表示节点 v_k 进入 v_w。这与 (v_w,v_k) 是不同的，(v_w,v_k) 表示从节点 v_w 到 v_k。起始节点 v_w 称为头（Head）端，而结束节点称为尾（Tail）端。

由于边方向的存在，还需要扩展节点度的定义。

💡 提示：入度和出度

对于顶点 v，与 v 相邻的头端的个数称为入度（Indegree），用 v 的 $\deg^-(v)$ 表示，而与 v 相邻的尾端个数则称为出度（Outdegree），用 v 的 $\deg^+(v)$ 表示。

图 1.2 为有向图的示例。

从箭头可以看出边的方向。例如，Milan→Dublin 意味着从米兰到都柏林（没有返程）。在图 1.2 中：

- ❑ Dublin 有 $\deg^-(v) = 2$ 和 $\deg^+(v) = 0$。
- ❑ Paris 有 $\deg^-(v) = 0$ 和 $\deg^+(v) = 2$。
- ❑ Milan 有 $\deg^-(v) = 1$ 和 $\deg^+(v) = 2$。
- ❑ Rome 有 $\deg^-(v) = 1$ 和 $\deg^+(v) = 0$。

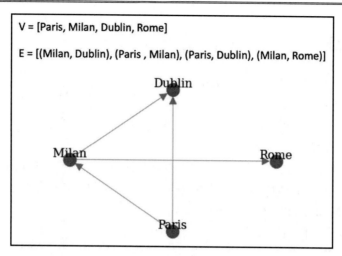

图 1.2　有向图示例

原　　文	译　　文	原　　文	译　　文
Paris	巴黎	Dublin	都柏林
Milan	米兰	Rome	罗马

同样的图在 networkx 中表示如下。

```
G = nx.DiGraph()
V = {'Dublin', 'Paris', 'Milan', 'Rome'}
E = [('Milan','Dublin'), ('Paris','Milan'), ('Paris','Dublin'),
('Milan','Rome')]
G.add_nodes_from(V)
G.add_edges_from(E)
```

可以看到，其定义与简单无向图的定义基本相同，唯一的区别在于用于实例化对象的 networkx 类。无向图使用的是 nx.Graph()类，而有向图则使用 nx.DiGraph()类。

可使用以下命令计算入度（Indegree）和出度（Outdegree）。

```
print(f"Indegree for nodes: { {v: G.in_degree(v) for v in G.nodes} }")
print(f"Outdegree for nodes: { {v: G.out_degree(v) for v in G.nodes} }")
```

其输出结果如下。

```
Indegree for nodes: {'Rome': 1, 'Paris': 0, 'Dublin': 2, 'Milan': 1}
Outdegree for nodes: {'Rome': 0, 'Paris': 2, 'Dublin': 0, 'Milan': 2}
```

有向图和无向图一样，也可以使用 G.add_nodes_from、G.add_edges_from、G.remove_nodes_from 和 G.remove_edges_from 函数来修改给定的图 G。

1.3.2　多重图

现在来介绍一下多重图（Multigraph）对象，它是图定义的泛化，允许多条边具有相同的一对开始和结束节点。

多重图 G 定义为 $G=(V, E)$，其中，V 是节点的集合，而 E 则是边的多重集合（多重集合允许每个元素有多个实例）。

如果 E 是有序对的多重集合，则称该多重图为有向多重图（Directed Multigraph，MultiDiGraph）；如果 E 是由两个元素组成的集合的多重集合，则称该多重图为无向多重图（Undirected Multigraph，MultiGraph）。

图 1.3 显示了多重图的示例。

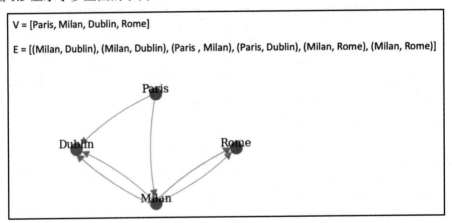

图 1.3　多重图示例

原　　文	译　　文	原　　文	译　　文
Paris	巴黎	Dublin	都柏林
Milan	米兰	Rome	罗马

以下代码片段演示了如何使用 networkx 来创建有向或无向多重图。

```
directed_multi_graph = nx.MultiDiGraph()
undirected_multi_graph = nx.MultiGraph()
V = {'Dublin', 'Paris', 'Milan', 'Rome'}
E = [('Milan','Dublin'), ('Milan','Dublin'), ('Paris','Milan'),
('Paris','Dublin'), ('Milan','Rome'), ('Milan','Rome')]
directed_multi_graph.add_nodes_from(V)
```

```
undirected_multi_graph.add_nodes_from(V)
directed_multi_graph.add_edges_from(E)
undirected_multi_graph.add_edges_from(E)
```

可以看到，有向多重图和无向多重图的唯一区别在于前两行，其中创建了两个不同的对象：nx.MultiDiGraph()用于创建有向多重图，而 nx.MultiGraph()用于构建无向多重图。用于添加节点和边的函数对这两个对象来说是相同的。

1.3.3　加权图

现在来看一下有向加权图、无向加权图和加权多重图。

边加权图（Edge-Weighted Graph）简称为加权图（Weighted Graph），加权图 G 的定义为 $G=(V, E ,w)$，其中：

❑　V 是节点的集合。

❑　E 是边的集合。

❑　$w: E \rightarrow \mathbb{R}$ 是加权函数，被分配给每条边 e（$e \in E$），权重表示为一个实数。

节点加权图（Node-Weighted Graph）G 定义为 $G=(V, E ,w)$，其中：

❑　V 是节点的集合。

❑　E 是边的集合。

❑　$w: V \rightarrow \mathbb{R}$ 是加权函数，被分配给每个节点 v（$v \in V$），权重同样表示为一个实数。

请记住以下几点。

❑　如果 E 是有序对的集合，则称加权图为有向加权图（Directed Weighted Graph）。

❑　如果 E 是两个元素的集合的集合，则称加权图为无向加权图（Undirected Weighted Graph）。

❑　如果 E 是一个多重集合，则称加权图为加权多重图（Weighted MultiGraph）或无向加权多重图（Undirected Weighted Multigraph）。

❑　如果 E 是有序对的多重集合，则称加权图为有向加权多重图（Directed Weighted MultiGraph）。

图 1.4 显示了一个有向加权图的示例。

在图 1.4 中，很容易看出权重的存在有助于向数据结构添加有用的信息。事实上，可以将边的权重想象为从一个节点到达另一个节点的"成本"。例如，从 Milan 到达 Dublin 的"成本"为 19，而从 Paris 到达 Dublin 的"成本"为 11。

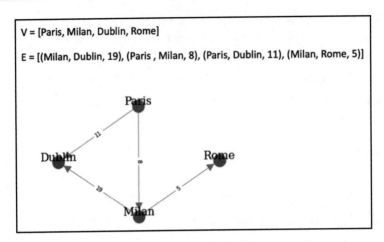

V = [Paris, Milan, Dublin, Rome]

E = [(Milan, Dublin, 19), (Paris , Milan, 8), (Paris, Dublin, 11), (Milan, Rome, 5)]

图 1.4　有向加权图示例

原　　文	译　　文	原　　文	译　　文
Paris	巴黎	Dublin	都柏林
Milan	米兰	Rome	罗马

在 networkx 中，可以按如下方式生成有向加权图。

```
G = nx.DiGraph()
V = {'Dublin', 'Paris', 'Milan', 'Rome'}
E = [('Milan','Dublin', 19), ('Paris','Milan', 8),
('Paris','Dublin', 11), ('Milan','Rome', 5)]
G.add_nodes_from(V)
G.add_weighted_edges_from(E)
```

1.3.4　二分图

我们现在将介绍本节中将使用的另一种类型的图：多部分图（Multipartite Graph）。

典型的多部分图如二分图（Bipartite Graph，也称为二部图）和三分图（Tripartite Graph），或更一般性的 k 分图（kth-partite Graph），它们的意义也很明确，就是指其顶点可以分别划分为 2 个、3 个或 k 个节点的集合。

在此类图中，边只允许跨不同的集合，而不允许在属于同一集合的节点内连接边。在大多数情况下，属于不同集合的节点也具有特定的节点类型。在第 7 章 "使用图进行文本分析和自然语言处理" 和第 8 章 "信用卡交易的图分析" 中，将处理一些基于图的应用程序的实际示例，读者将看到多部分图的各种应用场景。例如：

❑　在处理文档时，可以通过二分图构建文档和实体的信息。

❑　在处理交易数据时，可以对买家和商家之间的关系进行编码。

可以使用以下代码在 networkx 中轻松创建二分图（二部图）。

```
import pandas as pd
import numpy as np
n_nodes = 10
n_edges = 12
bottom_nodes = [ith for ith in range(n_nodes) if ith % 2 ==0]
 top_nodes = [ith for ith in range(n_nodes) if ith % 2 ==1]
iter_edges = zip(
    np.random.choice(bottom_nodes, n_edges),
    np.random.choice(top_nodes, n_edges))
edges = pd.DataFrame([
    {"source": a, "target": b} for a, b in iter_edges])
B = nx.Graph()
B.add_nodes_from(bottom_nodes, bipartite=0)
 B.add_nodes_from(top_nodes, bipartite=1)
 B.add_edges_from([tuple(x) for x in edges.values])
```

此外，还可以使用 networkx 的 bipartite_layout 函数方便地绘制其网络，具体代码如下。

```
from networkx.drawing.layout import bipartite_layout
pos = bipartite_layout(B, bottom_nodes)
 nx.draw_networkx(B, pos=pos)
```

bipatite_layout 函数可生成一个图，如图 1.5 所示。

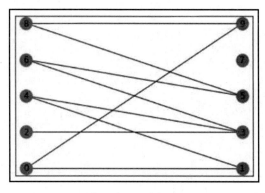

图 1.5　二分图示例

1.4　图的表示方式

如前文所述，有了 networkx 之后，我们实际上可以通过使用节点和边对象来定义和操作图。在不同的用例中，图的表示方式处理起来难易程度也不同。本节将展示两种执行图数据结构简明表示的方法——邻接矩阵和边列表。

1.4.1　邻接矩阵

图 $G=(V,E)$ 的邻接矩阵（Adjacency Matrix）M 是一个方形矩阵（$|V|\times|V|$），当节点 i 到节点 j 存在边时，其元素 M_{ij} 为 1；当节点 i 到节点 j 不存在边时，元素 M_{ij} 为 0。

图 1.6 显示了一个简单的例子，其中包含不同类型图的邻接矩阵。

在图 1.6 中很容易看出：

❑　无向图的邻接矩阵总是对称的，因为没有为边定义方向。

❑　由于在边缘方向上存在约束，因此不能保证有向图的邻接矩阵的对称性。

❑　对于多重图，可以使用大于 1 的值，因为可以使用多条边来连接同一对节点。

❑　对于加权图，特定单元格中的值等于连接两个节点的边的权重。

在 networkx 中，可以通过两种不同的方式计算给定图的邻接矩阵。如果在 networkx 中使用 G 表示图 1.6 中的图，则可以按以下方式计算它的邻接矩阵。

```
nx.to_pandas_adjacency(G) #pd DataFrame 邻接矩阵
nt.to_numpy_matrix(G) #numpy 邻接矩阵
```

其输出结果如下。

```
        Rome  Dublin  Milan  Paris
Rome    0.0   0.0     0.0    0.0
Dublin  0.0   0.0     0.0    0.0
Milan   1.0   1.0     0.0    0.0
Paris   0.0   1.0     1.0    0.0

[[0. 0. 0. 0.]
 [0. 0. 0. 0.]
 [1. 1. 0. 0.]
 [0. 1. 1. 0.]]
```

由于 numpy 矩阵不能表示节点的名称，因此邻接矩阵中元素的顺序是 G.nodes 列表中定义的顺序。

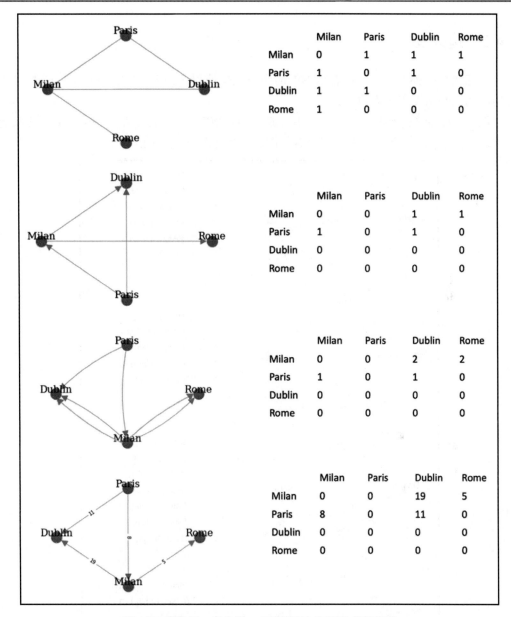

图 1.6　无向图、有向图、多重图和加权图的邻接矩阵

原　　文	译　　文	原　　文	译　　文
Paris	巴黎	Dublin	都柏林
Milan	米兰	Rome	罗马

1.4.2　边列表

除邻接矩阵外，还有一种表示图的简明方式是使用边列表（Edge List）。这种格式背后的想法是将图表示为边的列表。

图 $G=(V,E)$ 的边列表 L 是一个大小为 $|E|$ 的列表矩阵，其元素 L_i 是一对表示边 i 的头端和尾端节点。图 1.7 所示为无向图、有向图、多重图和加权图的边列表示例。

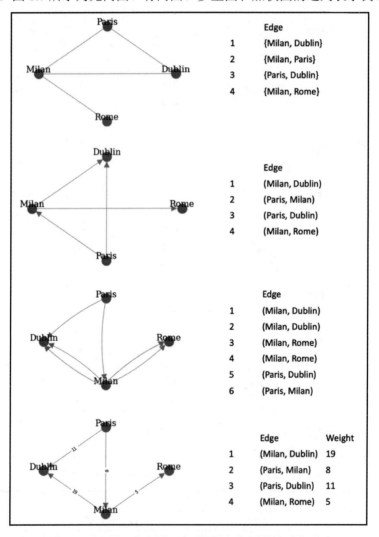

图 1.7　无向图、有向图、多重图和加权图的边列表示列

原　　文	译　　文	原　　文	译　　文
Paris	巴黎	Dublin	都柏林
Milan	米兰	Rome	罗马

以下代码片段展示了如何在 networkx 中计算图 1.7 中简单无向图 G 的边列表。

```
print(nx.to_pandas_edgelist(G))
```

运行上述命令，其结果如下。

```
        source      target
0       Milan       Dublin
1       Milan         Rome
2       Paris        Milan
3       Paris       Dublin
```

在 networkx 中还可以使用图的其他表示方法，如 nx.to_dict_of_dicts(G)和 nx.to_numpy_array(G)等。限于篇幅，此处不做讨论。

1.5　绘　制　图

如前文所述，图是可以使用图形的方式表示的直观数据结构。节点可以绘制为简单的圆圈，而边则是连接两个节点的线。

尽管这看似简单，但当边和节点的数量增加时，可能很难做出清晰的表示。这种复杂性主要与分配给最终图中每个节点的位置（空间/笛卡儿坐标）有关。实际上，在具有数百个节点的图中，手动分配每个节点在最终图中的特定位置不是一件很简单的事情。

本节将讨论如何在不为每个节点指定坐标的情况下绘制图。我们将利用两种不同的解决方案：networkx 和 Gephi。

1.5.1　networkx

networkx 通过 nx.draw 库提供了一个简单的界面来绘制图对象。以下代码片段展示了如何使用该库来绘制图。

```
def draw_graph(G, nodes_position, weight):
     nx.draw(G, pos_ position, with_labels=True, font_size=15,
node_size=400, edge_color='gray', arrowsize=30)
          if plot_weight:
          edge_labels=nx.get_edge_attributes(G,'weight')
```

```
      nx.draw_networkx_edge_labels(G, pos_ position, edge_
labels=edge_labels)
```

其中，nodes_position 是一个字典，其中的键是节点，分配给每个键的值是一个长度为 2 的数组，笛卡儿坐标用于绘制特定节点。nx.draw 函数可通过将其节点放在给定位置来绘制整个图，with_labels 选项将使用特定的 font_size 值在每个节点的顶部绘制其名称；node_size 和 edge_color 选项将分别指定圆的大小、代表节点和边的颜色；arrowsize 选项将定义有向边的箭头大小，当要绘制的图是有向图时，将使用此选项。以下代码示例展示了如何使用之前定义的 draw_graph 函数来绘制图。

```
G = nx.Graph()
V = {'Paris', 'Dublin','Milan', 'Rome'}
E = [('Paris','Dublin', 11), ('Paris','Milan', 8),
    ('Milan','Rome', 5), ('Milan','Dublin', 19)]
G.add_nodes_from(V)
G.add_weighted_edges_from(E)
node_position = {"Paris": [0,0], "Dublin": [0,1], "Milan": [1,0],
"Rome": [1,1]}
draw_graph(G, node_position, True)
```

其输出结果如图 1.8 所示。

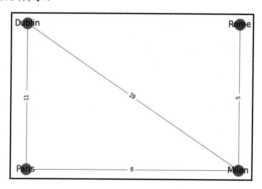

图 1.8　绘图结果

原　　文	译　　文	原　　文	译　　文
Paris	巴黎	Dublin	都柏林
Milan	米兰	Rome	罗马

上述方法很简单，但在实际场景中不可行，因为 node_position 值可能难以确定。为了解决这个问题，networkx 提供了一个不同的函数来根据不同的布局自动计算每个节点的位置。在图 1.9 中，展示了使用 networkx 中可用的不同布局获得的一系列无向图的绘

图结果。为了在我们提出的函数中使用它们，只需要将 node_position 分配给要使用的布局的结果即可。例如，node_position = nx.circular_layout(G)。

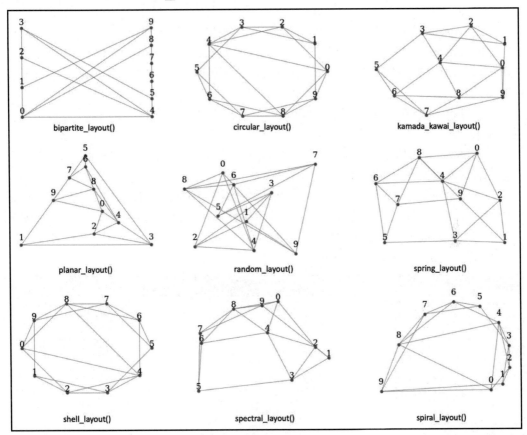

图 1.9　使用不同布局绘制的无向图

networkx 是一个很好用的工具，可以轻松操作和分析图，但它没有提供良好的功能来执行复杂且美观的绘图。因此，接下来我们将研究另一种可执行复杂的图可视化的工具——Gephi。

1.5.2　Gephi

Gephi 是一种开源网络分析和可视化软件，本小节将演示如何将它用于执行较为复杂的图的绘制。本小节中显示的所有示例均来自 Les Miserables.gexf（加权无向图），读者可以在应用程序启动时的欢迎窗口中选择该示例。

Gephi 的主界面可以分为 4 个主要区域，具体如下所示。

（1）Graph（图）：显示图的最终绘制结果。每次应用过滤器或特定布局时，绘图结果都会自动更新。

（2）Appearance（外观）：在此处指定节点和边的外观。

（3）Layout（布局）：在此处选择布局（和 networkx 中一样）来调整图中的节点位置。可以使用不同的算法，从简单的随机位置生成器到更复杂的 Yifan Hu（胡一凡）算法都可选择。

（4）Filters & Statistics（过滤器和统计）：在该设置区域中有两个主要功能可用，概述如下。

① Filters（过滤器）：在此选项卡中，可以根据使用 Statistics（统计）选项卡计算的集合属性来过滤和可视化图的特定子区域。

② Statistics（统计）：此选项卡包含可用的图指标列表，可使用 Run（运行）按钮在图上计算这些指标。一旦计算出指标，即可用作属性来指定边和节点的外观（例如节点和边的大小和颜色）或过滤图的特定子区域。

图 1.10 显示了 Gephi 的主界面。

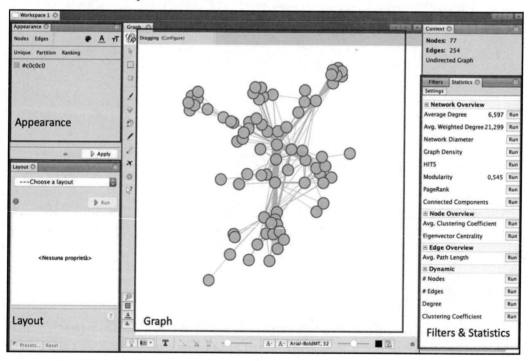

图 1.10　Gephi 的主界面

　　我们对 Gephi 的探索从对图应用不同的布局开始。如前文所述，在 networkx 中，布局允许为每个节点分配最终图中的特定位置。在 Gephi 1.2 中，可以使用不同的布局。为了应用特定的布局，必须从 Layout（布局）区域中选择一个可用的布局，然后单击出现的 Run（运行）按钮。

　　Graph（图）区域中可见的图的表示方式将根据布局定义的新坐标自动更新。应该注意的是，一些布局是参数化的，因此最终的图可能会根据所使用的参数发生显著变化。在图 1.11 中显示了相同图的 3 种不同布局。

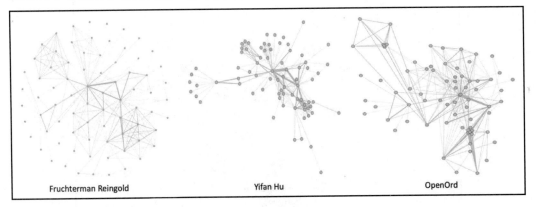

图 1.11　相同图的 3 种不同布局

　　现在来看一下图 1.10 中可见的 Appearance（外观）菜单中的可用选项。可以通过菜单中的选项指定要应用于边和节点的样式。要应用的样式可以是静态的，也可以由节点/边的特定属性动态定义。可以通过选择菜单中的 Nodes（节点）选项来更改节点的颜色和大小。

　　要更改颜色，需单击调色板图标，并使用特定按钮决定是否要分配颜色的 Unique（唯一）颜色、Partition（分区）——离散值或 Ranking（排名）——值的范围。

　　对于 Partition（分区）和 Ranking（排名），可以从下拉菜单中选择特定的 Graph（图）属性以用作颜色范围的参考。

　　只有通过单击 Statistics（统计）选项卡中的 Run（运行）按钮计算的属性在下拉菜单中可用。可以使用相同的过程来设置节点的大小。

　　单击同心圆图标，可以为所有节点设置 Unique（唯一）大小，或根据特定属性指定大小 Ranking（排名）。

　　对于节点，也可以通过选择菜单中的 Edges（边）选项来更改边的样式。然后，可以选择分配颜色的 Unique（唯一）颜色、Partition（分区）——离散值或 Ranking（排名）——值的范围。对于 Partition（分区）和 Ranking（排名），构建色标的参考值由可从下拉菜单中选择的特定 Graph（图）属性定义。

重要的是要牢记，为了将特定样式应用于图，需要单击 Apply（应用）按钮，结果是图将根据定义的样式进行更新。在图 1.12 中显示了一个示例，其中节点的颜色由 Modularity Class（模块度类）值给出，每个节点的大小由其 Degree（度）给出，而每条边的颜色则由边的权重定义。

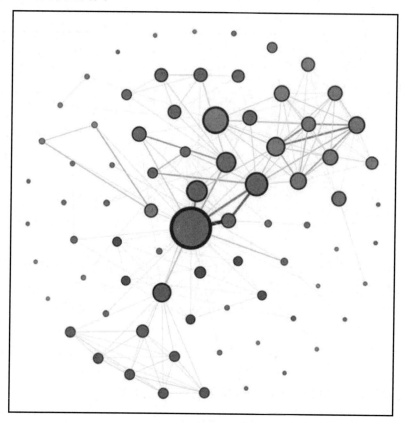

图 1.12　改变节点和边外观的图示例

另一个需要描述的重要部分是 Filters & Statistics（过滤器和统计）。在此区域中，可以根据图指标计算一些统计信息。

现在来看看 Statistics（统计）选项卡中可用的功能，它在图 1.10 的右侧面板中可见。通过该选项卡，可以计算输入图上的不同统计数据。利用这些统计数据可以很容易地设置最终图的一些属性，如节点/边的颜色和大小，或者过滤原始图以仅绘制它的特定子集。

　　为了计算特定的统计数据，用户需要明确选择菜单中可用的指标之一，然后单击 Run（运行）按钮（见图 1.10 右侧面板）。

　　此外，用户可以选择图的一个子区域，使用 Filters（过滤器）选项卡中可用的选项（见图 1.10 右侧面板）。

　　在图 1.13 中可以看到过滤图的示例。为了提供更多细节，可使用 Degree（度）属性构建一个过滤器并应用到图。这些过滤器的结果是原始图的一个子集，其中只有度属性符合特定值范围的节点（及其边）是可见的。

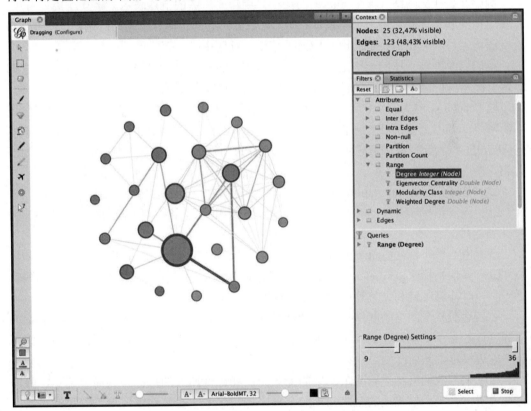

图 1.13　根据 Degree（度）值范围过滤的图示例

　　Gephi 允许执行更复杂的可视化任务，并包含许多本书无法完全涵盖的功能。要更好地研究 Gephi 中的所有可用功能，可参考官方 Gephi 指南，其网址如下。

https://gephi.org/users/

1.6　图　属　性

如前文所述，图是一种数学模型，用于描述实体之间的关系。当然，每个复杂的网络都呈现出内在属性。这些属性可以通过特定的指标来度量，并且每个度量都可以表征图的一个或若干个局部，或者全局。

例如，在社交网络（如 Twitter）的图中，用户（由图的节点表示）相互连接。当然，有些用户的联系比其他用户更紧密。例如，有更多的节点连接有影响力的用户。在 Reddit 社交图谱上，具有相似特征的用户倾向于分组到社区中。

我们已经提到了图的一些基本特征（Basic Feature），例如图中的节点和边数，它们决定了图本身的大小。这些属性已经很好地描述了网络的结构。

以 Facebook 图为例，它可以用节点和边的数量来描述。这样的数字很容易使其与更小的网络（如办公室的社会结构）区分开来，但无法表征更复杂的动态（如相似节点的连接方式）。为此，可以考虑更高级的图衍生指标，这些度量指标（Metric）可以分为四大类，概述如下。

- ❑　集成指标（Integration Metric）：度量节点如何相互连接。
- ❑　隔离指标（Segregation Metric）：量化网络中互连节点组（称为社区或模块）的存在。
- ❑　中心性指标（Centrality Metric）：评估网络内各个节点的重要性。
- ❑　弹性指标（Resilience Metric）：可被视为衡量网络在面临故障或其他不利条件时能够维持和调整其运行性能的程度。

在表达对整个网络的度量时，这些度量指标被定义为全局（Global）的。而局部（Local）指标度量的是单个网络元素（节点或边）的值。在加权图中，每个属性可能会也可能不会考虑边权重，从而产生加权指标和未加权指标。

接下来，我们将描述一些最常用的衡量全局和局部属性的指标。为简单起见，除非另有说明，否则我们描述的就是指标的全局未加权版本。在某些情况下，这是通过对节点的局部未加权属性求平均值来获得的。

1.7　集　成　指　标

本节将描述一些最常用的集成指标。

1.7.1　距离、路径和最短路径

图中距离（Distance）的概念通常与为了从给定的源节点到达目标节点而要遍历的边数有关。

特别地，考虑一个源节点 i 和一个目标节点 j。连接节点 i 到节点 j 的一组边称为路径（Path）。在研究复杂网络时，我们经常对寻找两个节点之间的最短路径（Shortest Path）感兴趣。源节点 i 和目标节点 j 之间的最短路径是与 i 和 j 之间的所有可能路径相比具有最少边数的路径。

网络的直径（Diameter）是所有可能的最短路径中最长的一条路径所包含的边数。

如图 1.14 所示，从 Dublin 到 Tokyo 有不同的路径，其中有一条是最短的（最短路径上的边以虚线突出显示）。

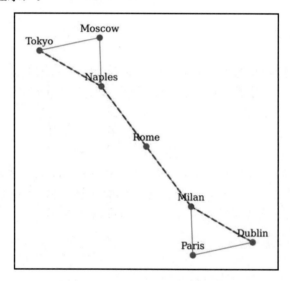

图 1.14　两个节点之间的最短路径

原　　文	译　　文	原　　文	译　　文
Paris	巴黎	Naples	那不勒斯
Milan	米兰	Moscow	莫斯科
Dublin	都柏林	Tokyo	东京
Rome	罗马		

networkx Python 库的 shortest_path 函数能够快速计算图中两个节点之间的最短路径。以下代码使用 networkx 创建了一个 7 节点的图。

```
G = nx.Graph()
nodes = {1:'Dublin',2:'Paris',3:'Milan',4:'Rome',5:'Naples',
        6:'Moscow',7:'Tokyo'}
G.add_nodes_from(nodes.keys())
G.add_edges_from([(1,2),(1,3),(2,3),(3,4),(4,5),(5,6),(6,7),(7,5)])
```

源节点（例如，'Dublin'由关键字 1 标识）和目标节点（例如，'Tokyo'由关键字 7 标识）之间的最短路径可通过以下方式获得。

```
path = nx.shortest_path(G,source=1,target=7)
```

这应该输出以下内容。

```
[1,3,4,5,7]
```

在本示例中，[1,3,4,5,7]是包含在东京和都柏林之间最短路径中的节点。

1.7.2　特征路径长度

特征路径长度（Characteristic Path Length）定义为所有可能的节点对之间所有最短路径长度的平均值。如果 l_i 是节点 i 与所有其他节点之间的平均路径长度，则特征路径长度可以按以下方式计算。

$$\frac{1}{q(q-1)}\sum_{i\in V}l_i$$

其中，V 是图中的节点的集合，并且 $q=|V|$，代表它的阶数。这是衡量信息在网络中传播效率的常用方法之一。具有较短特征路径长度的网络促进了信息的快速传输并降低了成本。可以使用以下函数通过 networkx 计算特征路径长度。

```
nx.average_shortest_path_length(G)
```

其输出结果如下。

```
2.1904761904761907
```

当然，这个度量指标并非总是可以被定义，因为不可能计算断开图（Disconnected Graph）中所有节点之间的路径。为了解决这个问题，网络效率（Network Efficiency）的概念应运而生并且被广泛使用。

1.7.3　全局和局部效率

全局效率（Global Efficiency）是所有节点对的逆最短路径（Inverse Shortest Path）长

度的平均值。这样的度量指标可以被视为衡量信息在网络上交换的效率的指标。假设 l_{ij} 是节点 i 和节点 j 之间的最短路径。网络效率定义如下。

$$\frac{1}{q(q-1)}\sum_{i\in V}\frac{1}{l_{ij}}$$

当图完全连接时效率最高，而完全断开时效率最低。直观上，路径越短，则度量效率越低。

一个节点的局部效率（Local Efficiency）可以通过在计算中只考虑节点的邻域，而不考虑节点本身来计算。

使用以下命令可在 networkx 中计算全局效率。

```
nx.global_efficiency(G)
```

输出结果如下。

```
0.6111111111111109
```

使用以下命令可在 networkx 中计算平均局部效率。

```
nx.local_efficiency(G)
```

输出结果如下。

```
0.6666666666666667
```

图 1.15 描绘了两个图示例。可以看到，与右侧的环形图相比，左侧的全连接图呈现出更高的效率水平。在全连接图中，每个节点都可以从图中的任何其他节点到达，并且信息可在网络上快速交换。但是，在环形图中，需要遍历多个节点才能到达目标节点，从而降低了信息传播的效率。

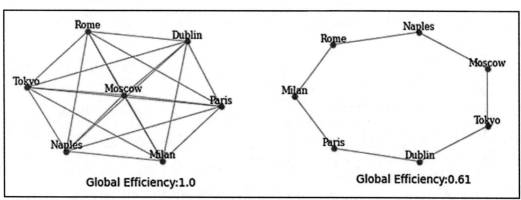

图 1.15　全连接图（左）和环形图（右）的全局效率

原　　文	译　　文	原　　文	译　　文
Paris	巴黎	Naples	那不勒斯
Milan	米兰	Moscow	莫斯科
Dublin	都柏林	Tokyo	东京
Rome	罗马	Global Efficiency	全局效率

集成指标很好地描述了节点之间的连接。但是，我们还可以通过考虑隔离指标来提取有关组存在的更多信息。

1.8　隔　离　指　标

本节将描述一些常见的隔离指标。

1.8.1　聚类系数

聚类系数（Clustering Coefficient）可以衡量有多少节点聚集在一起。它被定义为围绕一个节点的三角形（可以理解为 3 个节点和 3 条边的完整子图）的分数，相当于节点的邻居彼此相邻的分数。使用以下命令可在 networkx 中计算全局聚类系数。

```
nx.average_clustering(G)
```

输出结果如下。

```
0.66666666666666667
```

使用以下命令可在 networkx 中计算局部聚类系数。

```
nx.clustering(G)
```

输出结果如下。

```
{1: 1.0,
 2: 1.0,
 3: 0.3333333333333333,
 4: 0,
 5: 0.3333333333333333,
 6: 1.0,
 7: 1.0}
```

其输出是一个 Python 字典，其中包含每个节点（由各自的键标识）对应的值。在图 1.16

中，可以轻松识别出两个节点聚类。通过计算每个节点的聚类系数，可以观察到 Rome 的值最小。Tokyo 和 Moscow，以及 Paris 和 Dublin，在它们各自的组内都有很好的联系。如果读者足够细心，就会发现每个节点的大小与其聚类系数成比例。Tokyo、Moscow、Paris 和 Dublin 的局部聚类系数为 1，它们的节点圆圈较大，而 Rome 的局部聚类系数为 0，它的节点圆圈最小。

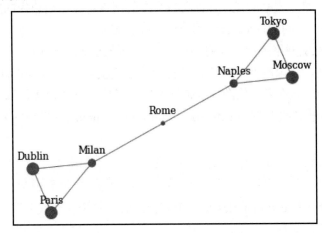

图 1.16　局部聚类系数表示

原　　文	译　　文	原　　文	译　　文
Paris	巴黎	Naples	那不勒斯
Milan	米兰	Moscow	莫斯科
Dublin	都柏林	Tokyo	东京
Rome	罗马		

1.8.2　传递性

聚类系数有一个常见变体称为传递性（Transitivity）。这可以简单地定义为观察到的闭合三元组数量与图中闭合三元组的最大可能数量之间的比率。闭合三元组（Closed Triplet）是指具有 3 个节点和两条边的完整子图。

可以使用 networkx 计算传递性，如下所示。

```
nx.transitivity(G)
```

输出结果如下。

```
0.545454545454545454
```

1.8.3　模块度

模块度（Modularity）也称为模块化度量值，旨在量化网络在高度互连的节点聚合集（Aggregated Set）中的划分，通常称为模块（Module）、社区（Community）、组（Group）或聚类（Cluster）。其主要思想是：具有高模块度的网络将显示模块内的密集连接（Dense Connection）和模块之间的稀疏连接（Sparse Connection）。

以 Reddit 等社交网络为例，与视频游戏相关的社区成员倾向于与同一社区中的其他用户进行更多互动，谈论最近的新闻、最喜欢的游戏机等。然而，他们可能会很少与谈论时尚的用户互动。与许多其他图度量指标不同，模块度常通过优化算法来计算。

networkx 中的模块度是使用 networkx.algorithms.community 模块的 modularity 函数计算的，如下所示。

```
import networkx.algorithms.community as nx_comm
nx_comm.modularity(G, communities=[{1,2,3}, {4,5,6,7}])
```

其中，第二个参数 communities 是一个集合列表，每个集合代表图中的一个分区。输出结果如下。

```
0.3671875
```

隔离指标有助于了解组的存在。但是，图中的每个节点都有其自己的重要性。为了量化这种重要性，可以使用中心性指标。

1.9　中心性指标

本节将介绍一些常见的中心性度量指标。

1.9.1　度中心性

最常见和最简单的中心性指标是度中心性（Degree Centrality）。这与节点的度直接相关，衡量某个节点 i 上的入射边（Incident Edge）数。

直观地说，一个节点与其他节点的连接越多，它的度中心性就越高。请注意，如果图是有向图，则需要考虑每个节点的入度中心性（In-Degree Centrality）和出度中心性（Out-Degree Centrality），它们分别与传入边和传出边的数量相关。

度中心性可使用以下命令在 networkx 中计算。

```
nx.degree_centrality(G)
```

输出结果如下。

```
{1: 0.3333333333333333,
 2: 0.3333333333333333,
 3: 0.5,
 4: 0.3333333333333333,
 5: 0.5,
 6: 0.3333333333333333,
 7: 0.3333333333333333}
```

1.9.2 接近度中心性

接近度中心性（Closeness Centrality）指标试图量化一个节点与其他节点的接近（良好连接）程度。很多人合影时喜欢抢占 C（Center）位，这个 C 位就是指接近度中心性，因为这是距离所有合影者最近的位置，凸显其焦点地位。

更正式地说，接近度中心性指的是节点 i 到网络中所有其他节点的平均距离。如果 l_{ij} 是节点 i 和节点 j 之间的最短路径，则接近度中心性定义如下。

$$\frac{1}{\sum_{i \in V, i != j} l_{ij}}$$

其中，V 是图中节点的集合。

可以使用以下命令在 networkx 中计算接近度中心性。

```
nx.closeness_centrality(G)
```

输出结果如下。

```
{1: 0.4,
 2: 0.4,
 3: 0.5454545454545454,
 4: 0.6,
 5: 0.5454545454545454,
 6: 0.4,
 7: 0.4}
```

1.9.3 中介中心性

中介中心性（Betweenness Centrality）是衡量中心性的另一种方法，它类似于"社交达人"（擅长社会交际的人）的概念，我们认识的不少朋友可能都是通过他/她认识的，也就是说，这个人起到了社交中介的作用。

中介中心性指标评估一个节点在多大程度上充当了其他节点之间的桥梁。即使连接不良，也可以战略性地连接一个节点，帮助保持整个网络的连接。

如果 L_{wj} 是节点 w 和节点 j 之间的最短路径总数，$L_{wj}(i)$ 是节点 w 和节点 j 之间通过节点 i 的最短路径总数，则中介中心性定义如下。

$$\sum_{w!=i!=j} \frac{L_{wj}(i)}{L_{wj}}$$

仔细观察该公式可以发现，通过节点 i 的最短路径的数量越多，中介中心性的值就越高。在 networkx 中可使用以下命令计算中介中心性。

```
nx.betweenness_centrality(G)
```

输出结果如下。

```
{1: 0.0,
 2: 0.0,
 3: 0.5333333333333333,
 4: 0.6,
 5: 0.5333333333333333,
 6: 0.0,
 7: 0.0}
```

图 1.17 清晰地说明了度中心性、接近度中心性和中介中心性之间的差异。Milan 和 Naples 的度中心性最高。Rome 具有最高的接近度中心性，因为它最接近任何其他节点。它还显示出最高的中介中心性，因为它在连接两个可见聚类和保持整个网络连接方面发挥着至关重要的作用。

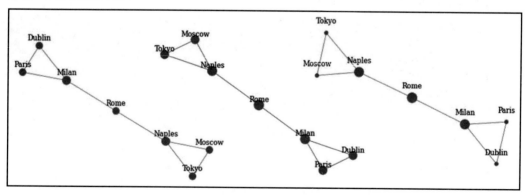

图 1.17　度中心性（左）、接近度中心性（中）和中介中心性（右）

原　　文	译　　文	原　　文	译　　文
Paris	巴黎	Naples	那不勒斯
Milan	米兰	Moscow	莫斯科
Dublin	都柏林	Tokyo	东京
Rome	罗马		

中心性指标使我们能够衡量网络内部节点的重要性。

接下来，我们将介绍弹性指标，它能够衡量图的脆弱性。

1.10　弹　性　指　标

衡量网络弹性的指标有若干个，其中同配性（Assortativity）是最常用的一种。

同配性用于量化节点连接到相似节点的趋势。有若干种方法可以衡量这种相关性。最常用的方法是直连节点（链接两端的节点）的度之间的皮尔森相关系数（Pearson Correlation Coefficient）。当度相似的节点之间存在相关性时，系数取正值；不同度的节点之间存在相关性时，系数取负值。

使用以下命令可在 networkx 中计算同配性（使用皮尔森相关系数）。

```
nx.degree_pearson_correlation_coefficient(G)
```

输出结果如下。

```
-0.6
```

皮尔森相关系数取值为-1～1。

网络的每一种属性（包含但不限于 Degree）都可以计算同配性。如果一个网络在度这一属性上显示出同配性，则意味着网络中的高度值节点倾向于与高度值节点相连；而低度值节点则倾向于与低度值节点相连。例如，社交网络大多是同配的，这就是所谓的"物以类聚，人以群分"。

但是，有些所谓的"网红"[①]（如著名歌手、足球运动员、时尚博主等）往往会被一些分类完全不同的用户关注（即出现从用户到"网红"的单向传入边），这些兴趣完全不同的用户通过"网红"相互连接但表现出异配行为（也就是说，他们并不是同一类人）。如果一个网络在度这一属性上表现出异配性（Disassortativity），则意味着网络中的高度

[①]　"网红"即"网络红人"，是指在现实或者网络生活中因为某个事件或者某个行为而被网民关注从而走红的人，或长期持续输出专业知识而走红的人。

值节点倾向于与低度值节点相连；而低度值节点则倾向于与高度值节点相连。

需要注意的是，从 1.6 节"图属性"开始介绍的属性仅仅是用于描述图的所有可能指标的一部分。有关更多指标和算法集的详细说明，可访问以下网址。

https://networkx.org/documentation/stable/reference/algorithms/

1.11　图和网络模型示例

在了解了有关图和网络分析的基本概念和表示法后，我们将深入研究一些实际示例。这些示例有助于我们将迄今为止了解到的一般性概念付诸实践。

我们将展示一些常用于研究网络特性的示例，以及网络算法的基准性能和有效性。

1.11.1　简单的图的示例

先来看一些非常简单的网络示例。networkx 附带了许多已经实现的图，可以随时使用和实践。我们先来创建一个全连接的无向图（Fully Connected Undirected Graph），示例如下。

```
complete = nx.complete_graph(n=7)
```

这会产生 $\dfrac{n \cdot (n-1)}{2} = 21$ 条边，聚类系数 $C=1$。虽然全连接图本身并没有什么好讨论的，但是它们代表了可能出现在更大的图中的基本构建块。更大的图中的 n 个节点的全连接子图通常称为大小为 n 的团（Clique）。

💡 提示：团（Clique）的定义

无向图中的团（C）被定义为其顶点的子集，$C \subseteq V$，该子集中每两个不同的顶点是相邻的。这实际上就是由 C 产生的 G 的子图是一个全连接图的条件。

团代表了图论中的基本概念之一，通常也用于需要对关系进行编码的数学问题。此外，在构建更复杂的图时，它们也代表了最简单的单元。

在较大的图中寻找给定大小 n 的团的任务（这称为团问题）非常有趣，它已经被证明是计算机科学中经常研究的非确定性多项式时间完全（Nondeterministic Polynomial-time Complete，NP-完全，或称 NP-C）问题。

图 1.18 显示了 networkx 图的一些简单示例。

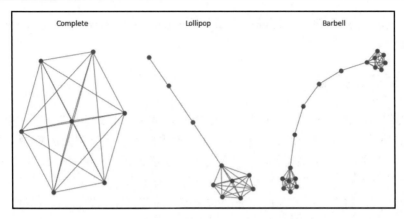

图 1.18　networkx 图的简单示例：全连接图（左）；棒棒糖图（中）；杠铃图（右）

原　　文	译　　文
Complete	全连接
Lollipop	棒棒糖
Barbell	杠铃

　　在图 1.18 中，展示了一个全连接图，以及两个包含可以使用 networkx 轻松生成的团的图，概述如下。

　　❑　由大小为 n 的团和 m 个节点的分支形成的棒棒糖图，其代码如下。

```
lollipop = nx.lollipop_graph(m=7, n=3)
```

　　❑　由两个大小为 m_1 和 m_2 的团组成的杠铃图，由节点的分支连接，类似于前文用来表示某些全局和局部属性的示例图。其代码如下。

```
barbell = nx.barbell_graph(m1=7, m2=4)
```

　　这种简单的图是基本的构建块，通过组合它们可以生成更复杂的网络。使用 networkx 合并子图非常容易，只需几行代码即可完成。

　　例如，以下代码片段可将上面的 complete、lollipop 和 barbell 3 个图合并为一个图，并放置一些随机边以连接它们。

```
def get_random_node(graph):
    return np.random.choice(graph.nodes)
allGraphs = nx.compose_all([complete, barbell, lollipop])
allGraphs.add_edge(get_random_node(lollipop), get_random_node(lollipop))
allGraphs.add_edge(get_random_node(complete), get_random_node(barbell))
```

　　在以下网址可找到其他一些非常简单的图（然后可以合并使用）。

https://networkx.org/documentation/stable/reference/generators.html#module-networkx.
generators.classic

1.11.2　生成图模型

虽然创建简单的子图然后合并它们是生成复杂度不断增加的新图的一种方式，但也可以通过概率模型（Probabilistic Model）和/或用图自行增长的生成模型（Generative Model）来生成网络。此类图通常与真实网络共享有趣的属性，并且长期以来一直用于创建基准测试和合成图，尤其是在可用数据量不像今天那样庞大的时候。

接下来，我们将介绍一些随机生成图的例子，简要描述它们背后的模型。

1.11.3　Watts-Strogatz（1998）

Watts-Strogatz 模型用来研究小世界网络（Small-World Network）的行为。小世界网络即在某种程度上类似于普通社交网络的网络。

Watts-Strogatz 图是通过首先在环中置换 n 个节点并将每个节点与其 k 个邻居连接来生成的。这样，一个图的每条边都有一个概率 p 被重新连接到一个随机选择的节点。通过调整 p，Watts-Strogatz 模型允许从常规网络（$p=0$）转变为完全随机网络（$p=1$）。在两者之间，图呈现出小世界的特征。也就是说，它们倾向于使这个模型更接近社交网络图。

可使用以下命令轻松创建该类型的图。

```
graph = nx.watts_strogatz_graph(n=20, k=5, p=0.2)
```

1.11.4　Barabási-Albert（1999）

Barabási-Albert 模型由 Barabási 和 Albert 基于一个生成模型提出，该模型允许通过使用优先连接（Preferential Attachment）模式创建随机无标度网络（Random Scale-Free Network），它通过逐步添加新节点并将它们附加到现有节点来创建网络，优先选择具有更多邻居的节点。

从数学上讲，该模型的基本思想是：新节点附加到现有节点 i 的概率取决于第 i 个节点的度，其公式为

$$p_i = \frac{k_i}{\sum k_j}$$

因此，具有大量边的节点（这样的节点称为枢纽）往往会发展出更多的边，而具有

很少链接的节点（这样的节点称为外围）不会发展其他链接。

　　该模型生成的网络对节点之间的连接性（即 Degree）表现出幂律分布（Power-Law Distribution）。服从幂律分布的现象称为无标度现象，即系统中个体的尺度相差悬殊，缺乏一个优选标度。可以说，凡是有进化、有竞争的地方都会出现不同程度的无标度现象。例如著名的"二八法则"（20%的人口占据了 80%的社会财富）就服从幂律分布。

　　这种行为也存在于真实网络中（如万维网和参与者协作网络），有趣的是，一个节点的流行度（指它已经有多少条边，而不是它的内在节点属性）将影响新连接的创建（即用户越多的网站越容易吸引新用户）。

　　Barabási 和 Albert 提出的最初模型现已扩展（即 networkx 上可用的版本），并且允许优先连接新边或重新连接现有边。

　　Barabási-Albert 模型如图 1.19 所示。

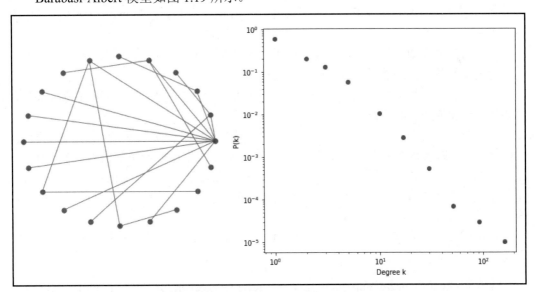

图 1.19　包含 20 个节点的 Barabási-Albert 模型（左）；
包含 n =100.000 个节点的连接分布，其显示为无标度幂律分布（右）

　　图 1.19 显示了一个小型网络的 Barabási-Albert 模型示例。在左侧图中可以明显看到枢纽（Hub）的出现，而在右侧图中则可以看到节点的度的概率分布，它表现出无标度幂律分布行为。

　　上述分布可以轻松地在 networkx 中复制，如下所示。

```
ba_model = nx.extended_barabasi_albert_graph(n,m=1,p=0,q=0)
```

```
degree = dict(nx.degree(ba_model)).values()
bins = np.round(np.logspace(np.log10(min(degree)),
np.log10(max(degree)), 10))
cnt = Counter(np.digitize(np.array(list(degree)), bins))
```

1.12　基准数据集和存储库

数字化深刻地改变了我们的生活。如今，物联网发展迅速，任何活动、人员或流程都会生成数据，提供大量可供挖掘、分析和用于促进数据驱动决策的信息。几十年前，很难找到可用于开发或测试新算法的数据集。

另一方面，如今有大量的存储库为我们提供数据集（即使是相当大维度的数据集也有很多），供我们下载和分析。人们可以在这些存储库中共享数据集，并且这些存储库还提供了一个基准平台，可以在其中应用、验证和比较算法。

本节将简要介绍网络科学中使用的一些主要存储库和文件格式，以便为读者提供导入不同大小的数据集以进行分析和处理所需的所有工具。

此外，我们还将提供一些可以找到和下载网络数据集的存储库的有用链接，以及有关如何解析和处理它们的技巧。

在此类存储库中，存在来自网络科学的一些常见领域的网络数据集，例如社交网络、生物化学、动态网络、文档、共同创作和引文网络以及金融交易产生的网络。本书在第 3 篇"图机器学习的高级应用"中将讨论一些常见的网络类型（如社交网络、金融网络，以及处理语料库文档时出现的图等），并通过本书第 2 篇"基于图的机器学习"中介绍的技术和算法对它们进行更彻底的分析。

此外，networkx 本身已经带有一些基本的（非常小的）网络，常用于解释算法和基本度量，其网址如下。

https://networkx.org/documentation/stable/reference/generators.html#module-networkx.generators.social

这些数据集通常很小。想要更大的数据集，请参阅接下来介绍的存储库。

1.12.1　网络数据存储库

Network Data Repository（网络数据存储库）是最大的网络数据存储库，其网址如下。

http://networkrepository.com/

　　它拥有数千个不同的网络，拥有来自世界各地和顶级学术机构的用户和捐赠。如果某个网络数据集可以免费获得，那么用户很可能会在该存储库中找到它。

　　该存储库的数据集分为大约 30 个领域，包括生物学、经济学、引文、社交网络数据、工业应用（能源、道路）等。除了提供数据，该网站还提供了数据集的交互式可视化、探索和比较工具，建议读者详细查看并自行探索。

　　网络数据存储库中的数据通常以矩阵市场交换格式（Matrix Market Exchange Format，MTX）的文件格式提供。MTX 文件格式基本上是一种通过可读文本文件（ASCII）指定密集或稀疏矩阵、实数或复数的格式。有关详细信息，可访问以下网址。

http://math.nist.gov/MatrixMarket/formats.html#MMformat

　　可以使用 scipy 在 Python 中轻松读取 MTX 格式的文件。部分从网络数据存储库下载的文件似乎略有损坏，需要在 OSX 10.15.2 系统上进行最小修复。

　　要修复它们，只需确保文件的标题符合格式规范。也就是说，在行的开头有两个%并且没有空格，示例代码如下。

```
%%MatrixMarket matrix coordinate pattern symmetric
```

　　矩阵应该是坐标格式。在本示例中，规范还指向一个未加权的无向图（如 pattern 和 symmetric 所理解的那样）。一些文件在第一个标题行之后有一些注释，前面有一个%。

　　例如，以 Astro Physics（ASTRO-PH）协作网络为例，该图是使用 1993 年 1 月至 2003 年 4 月期间发表在 Astrophysics（天体物理学）类别中的 e-print arXiv 存储库中的所有科学论文生成的。该网络是通过连接（通过无向边）所有共同创作的作者构建的一个出版物，从而产生一个包含给定论文的所有作者的团体。

　　生成该图的代码如下。

```
from scipy.io import mmread
adj_matrix = mmread("ca-AstroPh.mtx")
graph = nx.from_scipy_sparse_matrix(adj_matrix)
```

　　该数据集有 17903 个节点，由 196072 条边连接。可视化如此多的节点并不容易，即使做到了，可能也提供不了多大帮助，因为要理解包含如此多信息的底层结构并不容易。但是，可以通过查看特定的子图来获得一些见解，这也是接下来我们要做的事情。

　　首先，可以计算前文介绍的一些基本属性，并将它们放入一个 Pandas DataFrame 中，以方便日后使用、排序和分析。其代码如下。

```
stats = pd.DataFrame({
    "centrality": nx.centrality.betweenness_centrality(graph),
```

```
        "C_i": nx.clustering(graph),
        "degree": nx.degree(graph)
})
```

我们可以轻松发现，度中心性（Degree Centrality）最大的节点是 ID 为 6933 的节点，它有 503 个邻居（可以肯定该节点代表的是天体物理学中非常受欢迎的重要科学家），示例代码如下。

```
neighbors = [n for n in nx.neighbors(graph, 6933)]
```

当然，绘制该节点的 ego 网络（包含其所有邻居的节点）仍然会有点混乱（因为邻居太多）。因此，产生一些可以绘制的子图的方法之一是按以下 3 种不同的方式对其邻居进行采样（例如，以 0.1 的比率采样）。

❑　随机（按索引排序就是一种随机排序）。

❑　选择最中心的邻居。

❑　选择具有最大 C_i 值的邻居。

完成此操作的代码如下。

```
nTop = round(len(neighbors)*sampling)
idx = {
    "random": stats.loc[neighbors].sort_index().index[:nTop],
    "centrality": stats.loc[neighbors]\
        .sort_values("centrality", ascending=False)\
        .index[:nTop],
    "C_i": stats.loc[neighbors]\
        .sort_values("C_i", ascending=False)\
        .index[:nTop]
}
```

然后，可以定义一个简单的函数来提取和绘制一个仅包含与某些索引相关的节点的子图，示例代码如下。

```
def plotSubgraph(graph, indices, center = 6933):
    nx.draw_kamada_kawai(
        nx.subgraph(graph, list(indices) + [center])
    )
```

使用上述函数可以绘制不同的子图，这些子图是通过使用 3 个不同的标准（基于随机抽样、中心性和聚类系数）过滤 ego 网络而获得的。以下是一个示例。

```
plotSubgraph(graph, idx["random"])
```

图 1.20 比较了将键值由 random 更改为 centrality 和 C_i 之后获得的网络结果。

❑ random 图似乎显示了一些包含分离社区的新出现的结构。

❑ centrality 图清楚地显示了一个几乎完全连接的网络，这可能由天体物理学领域的所有教授和有影响力的人物组成，他们在多个主题上都有文章发布并经常相互合作。

❑ C_i 图通过选择具有较高聚类系数（Clustering Coefficient）的节点来突出一些可能与特定主题相关的特定社区。这些节点可能没有很大的度中心性，但它们很好地代表了特定主题。

图 1.20 显示了该 ego 图的 random、centrality 和 C_i 子图的示例（以 ratio = 0.1 对邻居进行采样）。

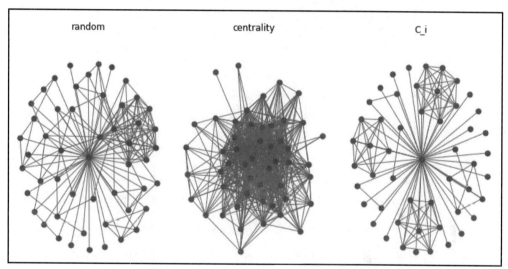

图 1.20　ASTRO-PH 数据集中度最大的节点的 ego 子图示例

原　　文	译　　文
random	随机抽样
centrality	中心性
C_i	聚类系数

除了在 networkx 中可视化，还有另一种选择，那就是使用 Gephi 软件，该软件允许快速过滤和可视化图。为此，需要先将数据导出为图交换 XML 格式（Graph Exchange XML Format，GEXF），这是一种可以在 Gephi 中导入的文件格式，示例代码如下。

```
nx.write_gext(graph, "ca-AstroPh.gext")
```

　　一旦数据被导入 Gephi 中，使用很少的过滤器（通过 Centrality 或 Degree）和一些计算（Modularity）即可轻松绘制如图 1.21 所示的图，其中的节点已使用模块度着色以突出显示聚类。这些着色还使我们能够轻松发现连接不同社区并因此而具有较大中介中心性（Betweenness Centrality）的节点。

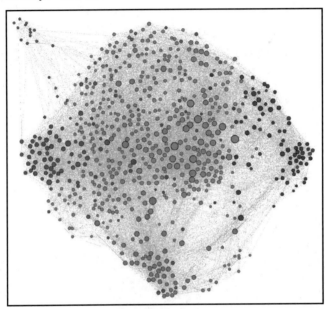

注：节点按度中心性过滤并按模块度类别着色，节点大小与度值成正比。

图 1.21　通过 Gephi 实现可视化的 ASTRO-PH 数据集示例

　　网络数据存储库（Network Data Repository）中的一些数据集也可能以 EDGE 文件格式提供（例如，引文网络就是如此）。EDGE 文件格式与 MTX 文件格式略有不同，尽管它们表示的是相同的信息。将此类文件导入 networkx 的最简单方法可能是通过简单地重写其标头来转换它们。

　　这里我们以数字书目和图书馆项目（Digital Bibliography and Library Project，DBLP）引文网络为例，以下是其标头的代码。

```
% asym unweighted
% 49743 12591 12591
```

通过将上述行替换为以下代码，可以轻松地将其转换为符合 MTX 文件的格式。

```
%%MatrixMarket matrix coordinate pattern general
12591 12591 49743
```

然后即可使用前面描述的导入功能。

1.12.2　斯坦福网络分析平台

网络数据集的另一个有价值的来源是斯坦福网络分析项目（Standford Network Analysis Project，SNAP）的网站，网址如下。

https://snap.stanford.edu/index.html

SNAP 是一个通用网络分析库，旨在处理相当大的图，有数亿个节点和数十亿条边。它是用 C++语言编写的，以实现最高的计算性能，同时它还具有 Python 接口，以方便在原生 Python 应用程序中导入和使用。

尽管 networkx 目前是研究 networkx 的主要库，但 SNAP 或其他库（稍后会详细介绍）可以比 networkx 快几个数量级，并且它们可以代替 networkx 用于需要更高性能的任务。

在 SNAP 网站上，可以找到 Biomedical Network Datasets（生物医学网络数据集），其网址如下。

https://snap.stanford.edu/biodata/index.html

另外，还有其他一些更通用的网络，包含与之前描述的 Network Data Repository（网络数据存储库）类似的域和数据集。其网址如下。

https://snap.stanford.edu/data/index.html

数据通常以包含边列表的文本文件格式提供。使用 networkx 时仅需一行代码即可读取此类文件，示例代码如下。

```
g = nx.read_edgelist("amazon0302.txt")
```

另有一些图可能有额外的信息，而不只是关于边的信息。额外的信息作为单独的文件包含在数据集的存档中。例如，其中提供了节点的一些元数据并通过 id 节点与图相关。

也可以通过 Python 使用 SNAP 库及其接口直接读取图。如果用户的本地机器上有 SNAP 的有效版本，则可以轻松读取数据，如下所示。

```
from snap import LoadEdgeList, PNGraph
graph = LoadEdgeList(PNGraph, "amazon0302.txt", 0, 1, '\t')
```

请记住，此时用户将拥有 SNAP 库的 PNGraph 对象的实例，并且不能直接在该对象上使用 networkx 功能。如果要使用一些 networkx 功能，首先需要将 PNGraph 对象转换为 networkx 对象。为了使这个过程更简单，我们在本书的补充材料中编写了一些函数，可以让读者在 networkx 和 SNAP 之间无缝地来回切换，该补充材料的网址如下。

https://github.com/PacktPublishing/Graph-Machine-Learning

切换的代码示例如下。

```
networkx_graph = snap2networkx(snap_graph)
snap_graph = networkx2snap(networkx_graph)
```

1.12.3　开放图基准

Open Graph Benchmark（开放图基准，OGB）是图基准领域的最新更新（日期为 2020 年 5 月），预计该存储库在未来几年将获得越来越高的重视和支持。

OGB 旨在解决一个特定问题：与实际应用相比，当前的基准数据集实际上太小，无法适应机器学习（Machine Learning，ML）的进步。一方面，一些在小数据集上开发的模型无法扩展到大数据集，证明它们不适合实际应用；另一方面，大型数据集使我们能够增加机器学习任务中使用的模型的容量（复杂性），并探索新的算法解决方案（如神经网络），这些解决方案可以从大样本量中受益以进行有效训练，从而达到非常高的性能。

这些数据集属于不同的领域，并且它们已经按 3 种不同的数据集大小（小、中和大）进行了排名，其中的"小"图也已经拥有超过 100000 个节点和/或超过 100 万条边的网络，而大图则拥有超过 1 亿个节点和超过 10 亿条边的网络，这有利于可扩展模型的开发。

除数据集外，OGB 还以 Kaggle 方式提供了端到端的机器学习管道，以标准化数据加载、实验设置和模型评估。OGB 创建了一个平台来相互比较和评估模型，发布一个排行榜，允许跟踪节点、边和图属性预测的特定任务的性能演变和进步。有关基准数据集和 OGB 项目的更多详细信息，请参阅以下文档。

https://arxiv.org/pdf/2005.00687.pdf

1.13　处　理　大　图

在处理用例或分析时，了解我们关注的数据有多大或将来有多大非常重要，因为数据集的维度可能会在很大程度上影响使用的技术和可以执行的分析。如前文所述，在很小的数据集上开发的一些方法将很难扩展到现实世界的应用和更大的数据集，这使得它们在实践中毫无用处。

在处理大图或可能会变得很大的图时，了解我们使用的工具、技术和/或算法的潜在瓶颈和限制至关重要，研究人员需要仔细评估应用程序/分析的哪一部分在增加节点或边的数量时可能无法扩展。更重要的是，构建数据驱动的应用程序也很关键，即便是在早期的概念验证（Proof Of Concept，POC）阶段，其方式都应该是允许其在未来数据/用户增加时进行扩展，而无须重写整个应用程序。

创建一个依靠图的表示方式建模的数据驱动应用程序是一项具有挑战性的任务，它需要比简单地导入 networkx 复杂得多的设计和实现。特别是，将处理图的组件——称为图处理引擎（Graph Processing Engine）——与允许查询和遍历图的组件——称为图存储层（Graph Storage Layer）——解耦通常很有用。我们将在第 9 章"构建数据驱动的图应用程序"进一步讨论这些概念。

当然，鉴于本书的重点是机器学习和分析技术，因此更多地关注图处理引擎而不是图存储层是有意义的。在目前阶段，为读者提供一些用于图处理引擎以处理大型图的技术很有用，这在扩展应用程序时至关重要。

在这方面，可以将图处理引擎分为两类（影响要使用的工具/库/算法），具体取决于在处理和分析图时是否适合共享内存的机器或是否需要分布式架构。

请注意，大图和小图没有绝对的定义，但这也取决于所选的架构。如今，由于硬件设备的快速发展，用户可以找到随机存取内存（Random-Access Memory，RAM）大于 1 TB 的服务器，这通常称为胖节点（Fat Node）。在很多云提供商的产品中，还有包含数万个中央处理器（CPU）的多线程服务器（尽管这些基础设施可能根本不赚钱）。当然，即使没有扩展到这种夸张的架构，如果服务器有 100 GB 内存和约 50 个 CPU，那么仍可以轻松处理包含数百万个节点和数千万条边的图。

尽管 networkx 是一个非常流行的、对用户友好且直观的库，但在扩展到如此大的图时，它可能不是最佳选择。networkx 是用纯 Python 语言编写的。Python 是一种解释性语言，因此其性能可能大大弱于其他完全或部分用性能更高的编程语言（如 C++和 Julia）编写并使用多线程的图引擎，例如以下几种。

- ❑ SNAP，这在前面已经讨论过，它是斯坦福大学开发的图引擎，用 C++编写，可在 Python 中绑定。其网址如下。

  http://snap.stanford.edu/

- ❑ igraph，这是一个 C 库，可在 Python、R 和 Mathematica 中绑定。其网址如下。

  https://igraph.org/

- ❑ graph-tool，尽管这也是 Python 模块，但它具有用 C++编写的核心算法和数据结构，并可使用 OpenMP 并行化，以在多核架构上进行扩展。其网址如下。

https://graph-tool.skewed.de/

❑　NetworKit，它也是用 C++编写的，带有 OpenMP boost 以实现其核心功能的并行化，并已集成在 Python 模块中。其网址如下。

https://networkit.github.io/

❑　LightGraphs，这是一个用 Julia 编写的库，旨在将 networkx 功能镜像到一个更高效、更强大的库中。其网址如下。

https://juliagraphs.org/LightGraphs.jl/latest/

当需要实现更好的性能时，上述库都是 networkx 的有效替代品。其性能改进可能非常显著，速度提升从 30 到 300 倍不等，而 LightGraphs 通常可以实现最佳性能。

在接下来的章节中，我们将主要使用 networkx，以提供一致性的演示并为用户提供有关网络分析的基本概念。设置本节内容是希望读者知道还有其他选项可用，因为性能对于可采用的技术和算法等也有很大的影响。

1.14　小　　结

本章详细阐释了图、节点和边等概念，介绍了图的表示方法并探索了如何可视化图，还定义了用于表示网络特征的属性。

本章介绍了一个著名的 Python 库（networkx），并演示了如何使用它来将理论概念应用到实践中。

本章详细讨论了图属性指标，包括集成指标、隔离指标、中心性指标和弹性指标等，此外，还提供了一些有用的存储库链接（在其中可以找到和下载网络数据集），以及有关如何解析和处理数据集的技巧。

第 2 章将讨论如何通过特定的机器学习算法自动找到更高级的和潜在的属性。

第 2 章　图机器学习概述

机器学习（Machine Learning，ML）是人工智能的一个子集，旨在为系统提供从数据中学习和改进的能力。它在许多不同的应用中取得了令人印象深刻的结果，特别是在难以明确定义要解决的特定问题的规则的情况下。例如，我们可以训练算法来识别垃圾邮件、将句子翻译成其他语言、识别图像中的对象等。

近年来，人们对将机器学习应用于图结构数据（Graph-Structured Data）越来越感兴趣。在这种情况下，其主要目标是自动学习合适的表示方式，以相对于"传统"机器学习方法更好地进行预测、发现新模式和理解复杂动态。

本章将首先阐释一些基本的机器学习概念，然后介绍图机器学习，特别关注表示学习（Representation Learning），最后还将分析一个实际示例，以帮助读者理解理论概念。

本章包含以下主题。

❑　机器学习基础概念。

❑　什么是图机器学习？它为什么重要？

❑　图机器学习算法通用分类法。

2.1　技 术 要 求

本书所有练习都使用了包含 Python 3.8 的 Jupyter Notebook。以下代码片段显示了本章将使用 pip 安装的 Python 库列表。其使用方法为，在命令行中运行 pip install networkx==2.5 等。

```
Jupyter==1.0.0
networkx==2.5
matplotlib==3.2.2
node2vec==0.3.3
karateclub==1.0.19
scipy==1.6.2
```

与本章相关的所有代码文件都可以在以下网址获得。

https://github.com/PacktPublishing/Graph-Machine-Learning/tree/main/Chapter02

2.2 理解在图上执行的机器学习

在人工智能的分支中，机器学习是近年来最受关注的一个。它是指一类无须明确编程即可通过经验自动学习和提高技能的计算机算法。这种方法从大自然中汲取灵感，想象一个运动员第一次面对一个新奇的动作时，他们将慢慢开始，小心翼翼地模仿教练的手势，尝试、犯错、再尝试。最终，他们会不断进步，变得越来越自信。

现在，这个学习概念如何转化为由机器来执行？它本质上是一个优化问题。目标是找到能够在特定任务上实现最佳性能的数学模型。可以使用特定的性能指标——也称为损失函数（Loss Function）或成本函数（Cost Function）——来衡量性能。在一般的学习任务中，算法会提供数据（可能是大量数据），算法使用此数据以迭代方式为特定任务做出决策或预测。在每次迭代中，使用损失函数评估决策。由此产生的错误用于更新模型参数，希望这意味着模型会表现得更好。这个过程通常称为训练（Training）。

更正式的表述是，考虑一个特定的任务 T 和一个性能指标 P，它允许我们量化算法在任务 T 上的表现。算法可以从经验 E 中学习，它在任务 T 上的表现（由 P 衡量）将随着经验 E 的增长而提高。

2.2.1 机器学习的基本原理

机器学习算法分为三大类，即监督学习、无监督学习和半监督学习。这些学习范式取决于向算法提供数据的方式以及评估性能的方式。

监督学习（Supervised Learning）也称为有监督学习，是当我们知道问题的答案时使用的学习范式。在这种情况下，数据集由 $<x, y>$ 形式的样本对组成。其中，x 是输入（例如，图像或语音信号），y 是相应的期望输出（例如，识别图像内容或声音在说什么）。

输入变量也称为特征（Feature），而输出通常称为标签（Label）、目标（Target）和注释（Annotation）。

在监督环境中，通常使用距离函数（Distance Function）来评估性能。此函数将测量预测和预期输出之间的差异。

根据标签的类型，监督学习可进一步分为以下几种。

- ❑ 分类（Classification）：在分类学习中，标签是离散的，指的是输入所属的"类"。例如，确定照片中的对象是猫还是狗，或预测电子邮件是否为垃圾邮件。
- ❑ 回归（Regression）：在回归学习中，目标是连续的。例如，预测建筑物中的温度，或预测任何特定产品的售价。

无监督学习（Unsupervised Learning）与监督学习不同，因为问题的答案是未知的。在这种情况下，我们没有任何标签，只有提供的输入<x>。因此，目标是推断结构和模式，试图找到相似之处。

无监督学习的常见问题是发现相似样本的组（聚类），另外还有就是给出高维空间中数据的新表示方式。

在半监督学习（Semi-Supervised Learning，SSL）中，算法将同时使用已标记的和未标记的数据进行训练。一般来说，为了指导对未标记的输入数据中存在的结构的研究，常使用有限数量的已标记数据。

除此之外，还需要介绍的是强化学习（Reinforcement Learning），它用于训练机器学习模型以做出一系列决策。人工智能算法面临类似棋类游戏的情况，将根据执行的动作获得惩罚或奖励。该算法的作用是了解如何采取行动以最大化奖励并最小化惩罚。

对于机器学习来说，仅有最小化训练数据上的错误是不够的。机器学习的关键词是学习。这意味着即使在未见数据上，算法也必须能够达到相同的性能水平。例如，如果让 AI 来炒股，那么机器学习不但要在过去的股票交易数据中学习到模式，而且该模式还应该在未来的未见数据上同样有效。

评估机器学习算法泛化能力（Generalization Capabilities）的最常见方法是将数据集分为两部分：训练集（Training Set）和测试集（Test Set）。模型在训练集上进行训练，计算损失函数并用于更新参数。训练后，在测试集上评估模型的性能。

此外，当有更多数据可用时，测试集可以进一步分为验证集（Validation Set）和测试集。验证集通常用于在训练期间评估模型的性能。

在训练机器学习算法时，可以观察到以下 3 种情况。

❑ 第一种情况，模型在训练集上的性能水平较低。这种情况通常被称为欠拟合（Underfitting），这意味着该模型的功能不足以解决任务。

❑ 第二种情况，该模型在训练集上实现了高水平的性能，但在泛化测试数据方面存在困难。这种情况被称为过拟合（Overfitting）。在这种情况下，模型只是记住了训练数据，而没有真正理解它们之间的真实关系。

❑ 最后一种情况，模型能够在训练和测试数据上实现最高级别的性能。这也是最理想的情况。

如图 2.1 所示的风险曲线给出了一个过拟合和欠拟合的例子。从该图中可以看出训练集和测试集的性能如何根据模型的复杂度（要拟合的参数数量）而变化。

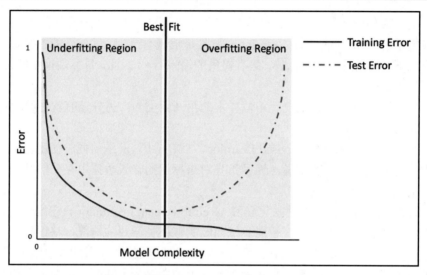

图 2.1　在模型复杂度函数中描述训练集和测试集误差的风险曲线

原　　文	译　　文	原　　文	译　　文
Best Fit	最佳拟合	Model Complexity	模型复杂度
Underfitting Region	欠拟合区域	Training Error	训练误差
Overfitting Region	过拟合区域	Test Error	测试误差
Error	误差		

　　在图 2.1 中可以看到，模型越复杂（即要拟合的参数数量越多），在训练集上产生的错误就越少，而在测试集上产生的错误却越多，这就是典型的过拟合风险。

　　过拟合是影响机器学习从业者的主要问题之一。它可能由多种原因导致。部分原因如下。

　　❑　数据集可能定义不明确或不能充分代表任务。在这种情况下，添加更多数据有助于缓解问题。

　　❑　用于解决问题的数学模型对于任务来说太强大。在这种情况下，可以向损失函数添加适当的约束以降低模型的能力。这种约束称为正则化（Regularization）项。

　　机器学习在许多领域取得了令人瞩目的成果，它已经成为计算机视觉、模式识别和自然语言处理等领域非常广泛和有效的方法之一。

2.2.2　在图上执行机器学习的优势

　　目前人们已经开发出了多种机器学习算法，每种算法都有自己的优点和局限性。其中，值得一提的是回归算法（如线性回归和逻辑回归）、基于实例的算法（如 k-最近邻或支持向量机）、决策树算法、贝叶斯算法（如朴素贝叶斯）、聚类算法（如 k-means）和人工神经网络等。

但所有这些算法成功的关键是什么？

本质上，就是一件事：机器学习可以自动处理人类容易完成的任务。这些任务可能过于复杂，无法使用传统的计算机算法来描述，并且在某些情况下，它们显示出比人类更好的能力。在处理图时尤其如此——由于其复杂的结构，它们可能比图像或音频信号在更多方面存在差异。因此，通过在图上执行机器学习，我们可以创建算法来自动检测和解释重复出现的潜在模式。

由于这些原因，人们对图结构数据的学习表示（Learning Representation）越来越感兴趣，并且已经开发了许多用于处理图的机器学习算法。

例如，我们可能对确定蛋白质在生物相互作用图中的作用、预测协作网络的演变、向社交网络中的用户推荐新产品等感兴趣（第 10 章 "图的新趋势" 将详细讨论该主题）。

由于其性质，图可以在不同的粒度级别上进行分析。例如，在节点、边和图级别（整个图），如图 2.2 所示。对于每个级别，可能会面临不同的问题，因此，应使用特定的算法。

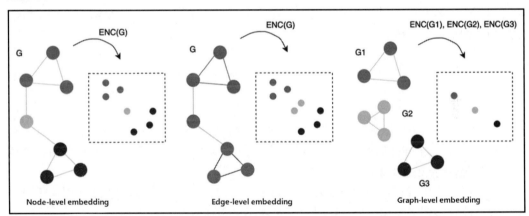

图 2.2　图中 3 种不同粒度级别的可视化表示

原　　文	译　　文
Node-level embedding	节点级别嵌入
Edge-level embedding	边级别嵌入
Graph-level embedding	图级别嵌入

每个级别可能面临的机器学习问题如下。

❑ 节点级别（Node Level）：给定一个（可能很大的）图，$G = (V, E)$，目标是将每个顶点（$v \in V$）分类到正确的类中。

在该设置中，数据集包括 G 和 $< vi, yi >$ 对的一个列表，其中，vi 是图 G 的一个节点，yi 是该节点所属的类。

❑ 边级别（Edge Level）：给定一个（可能很大的）图，$G = (V, E)$，目标是将每条边（$e \in E$）分类到正确的类别中。

在该设置中，数据集包括 G 和 $< ei, yi >$ 对的一个列表，其中，ei 是图 G 的边，yi 是边所属的类。

此粒度级别的另一个典型任务是链接预测（Link Prediction），即预测图中两个现有节点之间是否存在链接的问题。

❑ 图级别（Graph Level）：给定具有 m 个不同图的数据集，任务是构建能够将图分类为正确类别的机器学习算法。

可以将此问题视为分类问题，数据集由 $<Gi, yi>$ 对的列表定义，其中，Gi 是图，yi 是图所属的类。

本节讨论了机器学习的一些基本概念。此外，还介绍了一些在处理图时的常见机器学习问题来丰富我们的描述。以这些理论原理为基础，接下来我们将介绍一些与图机器学习相关的更复杂的概念。

2.3　泛化的图嵌入问题

在经典的机器学习应用程序中，处理输入数据的一种常见方法是在称为特征工程（Feature Engineering）的过程中从一组特征构建，该过程能够为数据集中存在的每个实例提供简明且有意义的表示。

从特征工程步骤获得的数据集将用作机器学习算法的输入。如果该过程通常适用于大范围的问题，那么当我们处理图时，它可能不是最佳解决方案。

事实上，由于它们定义的明确结构，找到能够纳入所有有用信息的合适表示可能不是一件容易的事。

创建能够从图中表示结构信息的特征的第一种也是最直接的方法是提取某些统计数据。例如，一个图可以用它的度分布、效率和在第 1 章"图的基础知识"中描述的所有度量指标（Metric）来表示。

更复杂的过程包括应用特定的核函数（Kernel Function），或者在其他情况下，应用能够将所需属性合并到最终机器学习模型中的与特定工程相关的特征。但是，正如我们想象的那样，此过程可能非常耗时，并且在某些情况下，模型中使用的特征可能仅代表获得最终模型最佳性能所需的信息子集。

在过去的 10 年中，为了定义新方法以创建有意义且简明的图的表示方式，研究人员已经做了很多工作。所有这些方法背后的一般思想是，创建能够学习原始数据集的良好表示的算法，以便新空间中的几何关系反映原始图的结构。

一般来说，可以将学习的过程称为给定图表示学习（Representation Learning）或网络嵌入（Network Embedding）的良好表示。

以下是一个更正式的定义。

表示学习（Representation Learning）或网络嵌入（Network Embedding）：旨在学习映射函数 $f : G \rightarrow \mathbb{R}^n$，从离散图到连续域的任务。函数 f 将能够执行低维向量表示，使得图 G 的属性（局部和全局属性）被保留。

一旦学习了映射函数 f，就可以将其应用于图，并且生成的映射可以用作机器学习算法的特征集。此过程的图示例如图 2.3 所示。

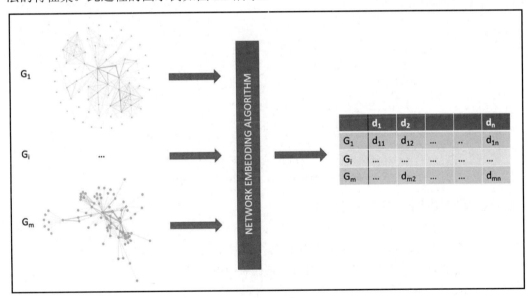

图 2.3　网络嵌入算法的工作流程示例

原　文	译　文
NETWORK EMBEDDING ALGORITHM	网络嵌入算法

也可以应用映射函数 f 来学习节点和边的向量表示。如前文所述，图上的机器学习问题可能发生在不同的粒度级别。因此，研究人员开发了不同的嵌入算法来学习函数，以生成节点的向量表示（$f:V \rightarrow \mathbb{R}^n$）（也称为节点嵌入），或生成边的向量表示（$f:E \rightarrow \mathbb{R}^n$）（也称为边嵌入）。

这些映射函数试图建立一个向量空间，使新空间中的几何关系反映原始图、节点或边的结构。结果就是，在原始空间中相似的图、节点或边在新空间中也将相似。

换句话说，在嵌入函数生成的空间中，相似结构的欧氏距离会很小，而不同的结构会具有很大的欧氏距离。需要强调的是，虽然大多数嵌入算法在欧几里得向量空间中生成映射，但最近研究人员也对非欧几里得映射函数产生了兴趣。

现在来看一个嵌入空间的实际示例，以及如何在新空间中看到相似性。

以下代码块展示了一个使用称为节点到向量（Node to Vector，Node2Vec）的特定嵌入算法的示例（第 3 章"无监督图学习"将详细介绍 Node2Vec 嵌入算法的工作原理）。目前读者只要知道，该算法会将图 G 的每个节点映射到一个向量中即可。

```python
import networkx as nx
from node2vec import Node2Vec
import matplotlib.pyplot as plt

G = nx.barbell_graph(m1=7, m2=4)
node2vec = Node2Vec(G, dimensions=2)
model = node2vec.fit(window=10)

fig, ax = plt.subplots()
for x in G.nodes():
    v = model.wv.get_vector(str(x))
    ax.scatter(v[0],v[1], s=1000)
    ax.annotate(str(x), (v[0],v[1]), fontsize=12)
```

在上面的代码中，执行了以下操作。

（1）生成了一个杠铃图。

（2）使用 Node2Vec 嵌入算法将图的每个节点映射到一个二维向量中。

（3）绘制嵌入算法生成的二维向量，它代表原始图的节点。

其结果如图 2.4 所示。

从图 2.4 不难看出，结构相似的节点彼此靠近，而结构不同的节点则相互远离。观察 Node2Vec 在区分组 1 和组 3 方面的表现也很有趣。由于该算法使用每个节点的相邻信息来生成表示，因此可以清楚地区分这两个组。

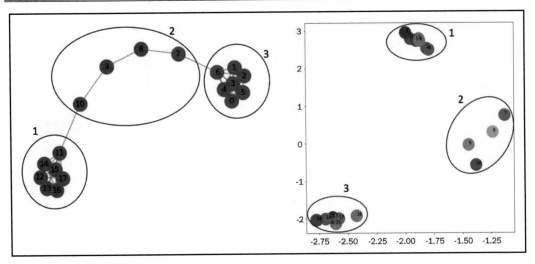

图 2.4　将 Node2Vec 算法应用于杠铃图（左）以生成其节点的嵌入向量（右）

　　此外，还可以使用边到向量（Edge to Vector，Edge2Vec）算法在同一个图上执行另一个示例，以便为同一图 *G* 生成边的映射。

```
from node2vec.edges import HadamardEmbedder
edges_embs = HadamardEmbedder(keyed_vectors=model.wv)
fig, ax = plt.subplots()
for x in G.edges():
    v = edges_embs[(str(x[0]), str(x[1]))]
    ax.scatter(v[0],v[1], s=1000)
    ax.annotate(str(x), (v[0],v[1]), fontsize=12)
```

　　在上面的代码中，执行了以下操作。
　　（1）生成了一个杠铃图。
　　（2）将 HadamardEmbedder 嵌入算法应用于 Node2Vec 算法的结果（keyed_vectors = model.wv），以便将图的每条边映射到二维向量中。
　　（3）绘制由嵌入算法生成的二维向量，以代表原始图的边。
　　其结果如图 2.5 所示。
　　和节点嵌入一样，在图 2.5 中，可以看到边嵌入算法的结果。从该图中不难看出，边嵌入算法清晰地识别了相似的边。正如预期的那样，属于第 1、2 和 3 组的边聚集在定义明确且分组良好的区域中。此外，分别属于第 4 组和第 5 组的(6,7)和(10,11)边很好地聚集在特定组中。

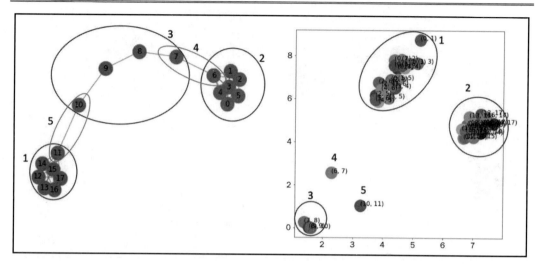

图 2.5　将 HadamardEmbedder 嵌入算法应用于图（左）以生成其边的嵌入向量（右）

最后，我们再来看一个图到向量（Graph to Vector，Grap2Vec）嵌入算法的示例。该算法可在向量中映射单个图。

在以下代码块中，提供了一个 Python 示例，演示了如何使用 Graph2Vec 算法在一组图上生成嵌入表示。

```python
import random
import matplotlib.pyplot as plt
from karateclub import Graph2Vec
n_graphs = 20
def generate_random():
    n = random.randint(5, 20)
    k = random.randint(5, n)
    p = random.uniform(0, 1)
    return nx.watts_strogatz_graph(n,k,p)

Gs = [generate_random() for x in range(n_graphs)]

model = Graph2Vec(dimensions=2)
model.fit(Gs)
embeddings = model.get_embedding()

fig, ax = plt.subplots(figsize=(10,10))
for i,vec in enumerate(embeddings):
    ax.scatter(vec[0],vec[1], s=1000)
    ax.annotate(str(i), (vec[0],vec[1]), fontsize=16)
```

在上述示例中，执行了以下操作。

（1）使用随机参数生成了 20 个 Watts-Strogatz 图。有关该图的详细信息，参见第 1 章"图的基础知识"。

（2）执行图嵌入算法以生成每个图的二维向量表示。

（3）将生成的向量绘制在它们的欧几里得空间中。

本示例的结果如图 2.6 所示。

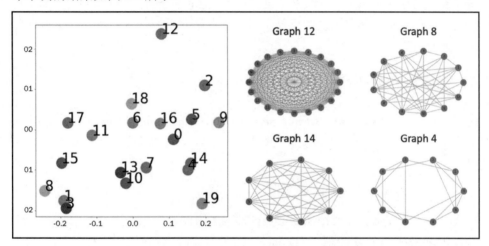

图 2.6　20 个随机生成的 Watts-Strogatz 图（左），以及两个欧氏距离大的图
（右上角的 Graph 12 和 Graph 8）和两个欧氏距离小的图（右下角的 Graph 14 和 Graph 4）

从图 2.6 可以看出，欧氏距离较大的图，如 Graph 12 和 Graph 8，具有不同的结构。前者使用 nx.watts_strogatz_graph(20,20,0.2857)参数生成，而后者则是使用 nx.watts_strogatz_graph(13,6,0.8621)参数生成。

相比之下，欧几里得距离较小的图，如 Graph 14 和 Graph 8，则具有类似的结构。Graph 14 是使用 nx.watts_strogatz_graph(9,9,0.5091)生成的，而 Graph 4 则是使用 nx.watts_strogatz_graph(10,5,0.5659)生成的。

在众多科学文献中，已经开发了大量的嵌入方法。下文将详细描述并使用其中的部分方法。这些方法通常可分为两种主要类型：一种是直推式（Transductive），一种是归纳式（Inductive），这取决于添加新样本时函数的更新过程。

所谓直推式学习（Transductive Learning），就是指由当前学习的知识直接推广到给定的数据上。这意味着，如果提供了新节点，则直推式方法将更新模型（如重新训练）以推断有关节点的信息。

所谓归纳式学习（Inductive Learning），顾名思义，就是从已有数据中归纳出模式来，应用于新的数据和任务。这意味着，在归纳方法中，模型将泛化到训练期间未观察到的新节点、边或图。

2.4　图嵌入机器学习算法的分类

研究人员已经开发了多种方法来生成用于图表示的紧致空间（Compact Space）。近年来，我们已经观察到研究人员和机器学习从业者趋向于统一符号以提供描述此类算法的通用定义的趋势。

2.4.1　编码器和解码器架构

现在将介绍论文 *Machine Learning on Graphs: A Model and Comprehensive Taxonomy*（《基于图的机器学习：模型和综合分类法》）中定义的分类法的简化版本。该论文的网址如下。

https://arxiv.org/abs/2005.03675

在这种形式化表示中，每个图、节点或边嵌入方法都可以由两个基本组件来描述，称为编码器和解码器。编码器（Encoder，ENC）将输入映射到嵌入空间，而解码器（Decoder，DEC）则从学习的嵌入中解码有关图的结构信息（见图2.7）。

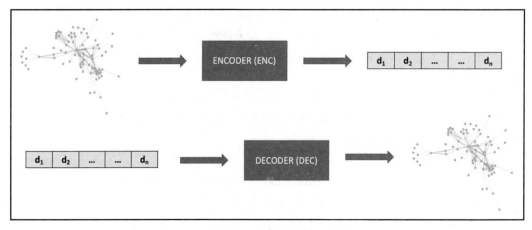

图2.7　嵌入算法的通用编码器（ENC）和解码器（DEC）架构

该论文描述的框架遵循一个直观的想法：如果我们能够对图进行编码，使得解码器能够检索所有必要的信息，那么嵌入必须包含所有这些信息的压缩版本，并且可以用于下游机器学习任务。

在许多用于表示学习的基于图的机器学习算法中，解码器通常被设计为将节点嵌入对（Pairs of Node Embeddings）映射到一个真实值，通常表示原始图中节点的接近度（距离）。例如，如果在输入图中存在连接两个节点 z_i 和 z_j 的边，则可以实现解码器，使得给定两个节点的嵌入表示 $z_i = ENC(V_i)$ 和 $z_j = ENC(V_j)$，DEC $(z_i, z_j) = 1$。在实践中，可以使用更有效的迫近函数（Proximity Function）来衡量节点之间的相似性。

2.4.2 嵌入算法的分类

受图 2.7 中描述的一般框架的启发，我们现在将各种嵌入算法分为 4 个主要的组。此外，为了帮助读者更好地理解这种分类，我们将以伪代码的形式提供简单的代码示例。在这些伪代码形式中，我们将 G 表示为一个通用的 networkx 图，将 graphs_list 表示为 networkx 图的列表，将 model 表示为一个通用的嵌入算法。

1. 浅层嵌入方法

浅层嵌入方法（Shallow Embedding Method）能够学习并仅返回已学习的输入数据的嵌入值。我们之前讨论过的 Node2Vec、Edge2Vec 和 Graph2Vec 算法都是浅层嵌入方法的示例。事实上，它们只能返回它们在拟合过程中学到的数据的向量表示。无法获得未见数据的嵌入向量。使用这些方法的典型方式如下。

```
model.fit(graphs_list)
embedding = model.get_embedding()[i]
```

在上述代码中，通用浅层嵌入方法在图列表上进行训练（第 1 行）。一旦模型拟合完成，则只能得到属于 graphs_list 的第 i 个图的嵌入向量（第 2 行）。

在第 3 章"无监督图学习"和第 4 章"有监督图学习"中将分别介绍无监督和有监督的浅层嵌入方法。

2. 图自动编码方法

图自动编码方法（Graph Autoencoding Method）不是简单地学习如何在向量中映射输入的图，它们将学习一个更通用的映射函数 $f(G)$，它还能够为未见实例生成嵌入向量。其典型的使用方式如下。

```
model.fit(graphs_list)
embedding = model.get_embedding(G)
```

该模型在 graphs_list 上进行训练（第 1 行）。一旦模型在输入训练集上拟合，就可以使用它来生成新的未知图 G 的嵌入向量。在第 3 章"无监督图学习"中将详细介绍图自动编码方法。

3．邻域聚合方法

邻域聚合方法（Neighborhood Aggregation Method）可用于在图级别提取嵌入，其中节点用某些属性进行标记。

此外，和图自动编码方法一样，此类算法能够学习通用映射函数 $f(G)$，也能够为未见实例生成嵌入向量。

此类算法的一个很好的特性是可以构建一个嵌入空间，其中不仅考虑了图的内部结构，还考虑了一些外部信息（定义为其节点的属性）。

例如，使用这种方法，可以拥有一个嵌入空间，能够同时识别节点上具有相似结构和不同属性的图。在第 3 章"无监督图学习"和第 4 章"有监督图学习"中将分别介绍无监督和有监督的邻域聚合方法。

4．图正则化方法

图正则化方法（Graph Regularization Method）与前面列出的方法略有不同。在此类算法中，没有使用图作为输入。相反，其目标是通过利用特征的"交互"来进行正则化，以便从一组特征中学习。更详细地说，就是通过考虑特征的相似性来从特征构建图。

其主要思想基于以下假设：图中附近的节点可能具有相同的标签。因此，损失函数旨在约束标签与图结构一致。例如，正则化可能会限制相邻节点共享相似的嵌入（就其在 L2 范数中的距离而言），因此，编码器仅使用 X 节点特征作为输入。

属于该系列的算法将学习一个函数 $f(X)$，它将一组特定的特征（X）映射到一个嵌入向量。与图自动编码和邻域聚合方法一样，该算法还能够将学习到的函数应用于新的未见特征。在第 4 章"有监督图学习"中将详细介绍图正则化方法。

2.4.3　嵌入算法的有监督和无监督版本

对于属于浅层嵌入方法和邻域聚合方法组的算法，可以定义无监督和有监督版本。属于图自动编码方法的算法仅适用于无监督任务，而属于图正则化方法的算法则仅适用于半监督/监督设置。

对于无监督算法，特定数据集的嵌入仅使用输入数据集中包含的信息（如节点、边或图）执行。

对于有监督设置，外部信息可用于指导嵌入过程。该信息通常被归类为一个标签，例如<Gi, yi>对，它可以为每个图分配一个特定的类。这个过程比无监督的过程更复杂，因为模型将试图找到最好的向量表示，以便找到从标签到实例的最佳分配。

为了阐明这个概念，我们可以考虑用于图像分类的卷积神经网络（Convolutional Neural Network，CNN）。在训练过程中，神经网络会尝试通过同时执行各种卷积滤波器的拟合来将每幅图像分类到正确的类别中。这些卷积滤波器的目标是找到输入数据的紧致表示，以最大化预测性能。相同的概念也适用于有监督的图嵌入，其算法会试图找到最佳的图表示，以最大化类分配任务的性能。

从数学意义的角度来看，所有这些模型都是用适当的损失函数训练的。这个函数可以用两个项目概括。

❑ 第一个项目用于有监督的设置，以最小化预测和目标之间的差异。
❑ 第二个项目用于评估输入的图与经过ENC+DEC步骤重建的图之间的相似性（即结构重建误差）。

因此，损失在形式上可以定义如下：

$$\text{LOSS} = \alpha L_{\text{sup}}(y, \hat{y}) + L_{\text{rec}}(G, \hat{G})$$

在这里，$\alpha L_{\text{sup}}(y, \hat{y})$ 是有监督设置中的损失函数。该模型经过优化，以最小化每个实例的目标（y）和预测类别（$\hat{y}$）之间的误差。

$L_{\text{rec}}(G, \hat{G})$ 是损失函数，表示输入的图（G）与经过 ENC + DEC 处理后获得的图（$\hat{G}$）之间的重构误差。

对于无监督设置，我们有相同的损失，但 $\alpha = 0$，因为我们没有要使用的目标变量。

当需要尝试解决图上的机器学习问题时，强调这些算法所起的主要作用很重要。它们可以被动使用，以便将图转换为适合经典机器学习算法或数据可视化任务的特征向量。但它们也可以在学习过程中主动使用，从而为特定问题找到紧致而有意义的解决方案。

2.5 小   结

本章详细阐释了一些基本的机器学习概念，并介绍了如何将它们应用于图。

本章定义了基本的图机器学习术语，特别关注了图的表示学习。我们介绍了主要的图机器学习算法的分类，以阐明多年来开发的各种解决方案的区别。

最后，本章还提供了一些实际示例，以帮助理解如何将理论应用于实际问题。

第 2 篇将讨论主要的基于图的机器学习算法。我们将分析它们的行为，并了解如何在实践中使用它们。

第 2 篇

基于图的机器学习

本篇将介绍用于图的表示学习（Representation Learning）的主要机器学习模型：它们的目的、工作原理以及实现方式。

本篇包括以下章节：

❑ 第 3 章，无监督图学习。

❑ 第 4 章，有监督图学习。

❑ 第 5 章，使用图机器学习技术解决问题。

第 3 章　无监督图学习

无监督机器学习是指在训练期间不利用任何目标信息的机器学习算法的子集。相反，它们自己寻找聚类、发现模式、检测异常，并解决许多既没有老师指导也没有正确答案的问题。

与许多其他机器学习算法一样，无监督模型在图的表示学习领域有很大的应用。事实上，它们代表了解决各种下游任务的非常有用的工具，如节点分类和社区检测等。

本章将介绍最新的无监督图嵌入方法。在给定图的情况下，这些技术的目标是自动学习它的潜在表示，并以某种方式保留其关键结构组件。

本章包含以下主题。

- ❑ 无监督图嵌入算法的层次结构。
- ❑ 浅层嵌入方法。
- ❑ 自动编码器。
- ❑ 图神经网络。

3.1　技术要求

本书所有练习都使用了包含 Python 3.8 的 Jupyter Notebook。以下代码片段显示了本章将使用 pip 安装的 Python 库列表。其使用方法为，在命令行中运行 pip install networkx==2.5 等。

```
Jupyter==1.0.0
networkx==2.5
matplotlib==3.2.2
karateclub==1.0.19
node2vec==0.3.3
tensorflow==2.4.0
scikit-learn==0.24.0
git+https://github.com/palash1992/GEM.git
git+https://github.com/stellargraph/stellargraph.git
```

在本书的其余部分，如果没有明确说明，将使用以下 Python 命令。

```
import networkx as nx
```

与本章相关的所有代码文件都可以在以下网址获得。

https://github.com/PacktPublishing/Graph-Machine-Learning/tree/main/Chapter03

3.2　无监督图嵌入算法的层次结构

图是在非欧几里得空间中定义的复杂数学结构。粗略地说，这意味着定义某某东西与某某东西接近并不总是那么容易，甚至可能很难说"接近"意味着什么。想象一个社交网络图：两个用户可以分别连接，但他们仍具有完全不同的特征——其中一个可能对时尚和衣服感兴趣，而另一个则可能对运动和视频游戏感兴趣。对于这样的两个用户，我们可以将他们视为"接近"吗？

出于这个原因，无监督机器学习算法在图分析中得到了广泛的应用。无监督机器学习是一类无须手动注释数据即可训练的机器学习算法。大多数这些模型确实只使用了邻接矩阵和节点特征中的信息，而无须任何下游机器学习任务的知识。

这是怎么做到的？最常用的解决方案之一是学习保留图结构的嵌入。学习到的表示通常被优化，以便它可以用于重建成对节点的相似性，如邻接矩阵（Adjacency Matrix）。这些技术带来了一个重要特征：学习到的表示可以编码节点或图之间的潜在关系，使我们能够发现隐藏的和复杂的新模式。

目前，研究人员已经开发了许多与无监督图机器学习技术相关的算法。这些算法可以分为3组：浅层嵌入（Shallow Embedding）方法、自动编码器（Autoencoder）和图神经网络（Graph Neural Network，GNN），如图3.1所示。

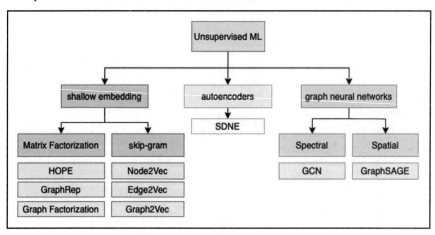

图 3.1　本书中描述的无监督嵌入算法的层次结构

原　　文	译　　文	原　　文	译　　文
Unsupervised ML	无监督机器学习	graph neural networks	图神经网络
shallow embedding	浅层嵌入	Matrix Factorization	矩阵分解
autoencoders	自动编码器		

有关该分类的详细信息，可参考以下论文。

https://arxiv.org/abs/2005.03675

接下来将详细介绍每组算法的主要原理，尝试解释该领域最著名算法背后的思路，以及如何使用它们来解决实际问题。

3.3　浅层嵌入方法

我们在第 2 章"图机器学习概述"中已经介绍过，浅层嵌入方法能够学习并仅返回已学习的输入数据的嵌入值。

图 3.1 清晰显示出浅层嵌入方法包含两个分类：矩阵分解和跳字（Skip-Gram）模型。下文将详细解释其中的一些算法。

此外，我们还将在 Python 中使用这些算法，通过具体示例来帮助读者加强理解。这些算法将使用以下库中提供的实现：Graph Embedding Method（GEM）、Node to Vector（Node2Vec）和 Karate Club。

3.4　矩　阵　分　解

矩阵分解（Matrix Factorization）是一种广泛应用于不同领域的通用分解技术。同样也有很多图嵌入算法使用这种技术来计算图的节点嵌入。

本节将首先提供对矩阵分解问题的一般性介绍。在介绍了基本原理后，将描述两种算法，即图分解（Graph Factorization，GF）和高阶邻近保留嵌入（Higher-Order Proximity Preserved Embedding，HOPE），它们使用矩阵分解来构建图的节点嵌入。

令 $W \in \mathbb{R}^{m \times n}$ 为输入数据。矩阵分解 $W \approx V \times H$，其中 $V \in \mathbb{R}^{m \times d}$ 和 $H \in \mathbb{R}^{d \times n}$ 分别称为源矩阵（Source Matrix）和丰度矩阵（Abundance Matrix），d 是生成的嵌入空间的维数。

矩阵分解算法将通过最小化损失函数来学习 V 和 H 矩阵。该损失函数可以根据想要解决的特定问题而改变。在其一般性公式中，损失函数是通过使用 Frobenius 范数计算重建误差来定义的，即 $\left\| W - V \times H \right\|_F^2$。

一般来说，所有基于矩阵分解的无监督嵌入算法都使用相同的原理。它们都将输入的图按不同组件分解为矩阵。各种方法之间的主要区别在于优化过程中使用的损失函数。事实上，不同的损失函数允许创建一个强调输入图的特定属性的嵌入空间。

3.4.1 图分解

图分解（Graph Factorization，GF）算法是最早达到良好计算性能以执行给定图的节点嵌入的模型之一。GF 算法同样遵循上述矩阵分解原理，它将分解给定图的邻接矩阵。

形式上，令 $G = (V, E)$ 是想要计算节点嵌入的图，而 $A \in \mathbb{R}^{|V| \times |V|}$ 是它的邻接矩阵。该矩阵分解问题中使用的损失函数（L）计算如下。

$$L = \frac{1}{2} \sum_{(i,j) \in E} \left(A_{i,j} - y_{i,:} Y_{j,:}^T \right)^2 + \frac{\lambda}{2} \sum_i \left\| Y_{i,:} \right\|^2$$

在上述公式中，$(i, j) \in E$ 表示 G 中的一条边，而 $Y \in \mathbb{R}^{|V| \times d}$ 是包含 d 维嵌入的矩阵。矩阵的每一行代表给定节点的嵌入。

此外，嵌入矩阵的正则化项（λ）用于确保即使在没有足够数据的情况下问题也能保持适定（Well-Posed）。

该方法使用的损失函数主要是为了提高 GF 性能和可扩展性。事实上，这种方法生成的解决方案可能是有噪声的。

此外，应该注意的是，通过查看其矩阵分解公式，GF 将执行强对称分解（Strong Symmetric Factorization）。此属性特别适用于无向图，因为无向图中的邻接矩阵是对称的，但这也可能是对无向图的潜在限制。

以下代码演示了如何使用 Python 和 GEM 库执行给定 networkx 图的节点嵌入。

```
import networkx as nx
from gem.embedding.gf import GraphFactorization
G = nx.barbell_graph(m1=10, m2=4)
gf = GraphFactorization(d=2, data_set=None, max_iter=10000,
eta=1*10**-4, regu=1.0)
gf.learn_embedding(G)
embeddings = gf.get_embedding()
```

上述代码执行了以下操作。

（1）networkx 用于生成杠铃图（G），该图则用作 GF 分解算法的输入。

（2）GraphFactorization 类用于生成 $d=2$ 维的嵌入空间。

（3）输入图的节点嵌入的计算是使用 gf.learn_embedding(G)执行的。

（4）通过调用 gf.get_embedding()方法提取计算的嵌入。

上述代码的结果如图 3.2 所示。

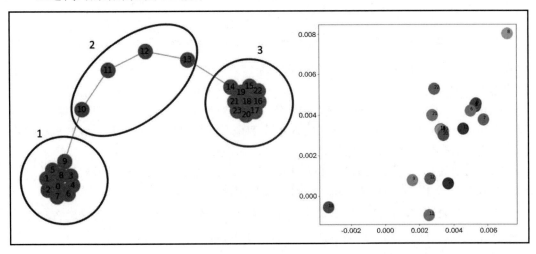

图 3.2 将 GF 算法应用于图（左）以生成其节点的嵌入向量（右）

从图 3.2 中可以看出属于组 1 和组 3 的节点如何在同一空间区域中映射在一起。这些点被属于第 2 组的节点分隔开。这种映射使我们能够很好地将第 1 组和第 3 组与第 2 组分开。遗憾的是，第 1 组和第 3 组之间并没有明确的区分。

3.4.2 高阶邻近保留嵌入

高阶邻近保留嵌入（Higher-Order Proximity Preserved Embedding，HOPE）是另一种基于矩阵分解原理的图嵌入技术。这种方法允许保留高阶邻近度，并且不会强制其嵌入具有任何对称特性。

在开始介绍该方法之前，我们先了解一下一阶邻近度和高阶邻近度的含义。

- ❑ 一阶邻近度（First-Order Proximity）：给定一个图 $G = (V, E)$，对于每个顶点对 (v_i, v_j)，边的权重为 W_{ij}，如果边$(v_i, v_j) \in E$，可以说它们的一阶邻近度等于 W_{ij}。否则，两个节点之间的一阶邻近度为 0。

- ❑ 二阶邻近度（Second-Order Proximity）和高阶邻近度（High-Order Proximity）：通过二阶邻近度，可以捕获每对顶点之间的两步（Two-Step）关系。对于每个顶点对(v_i, v_j)，可以将二阶邻近度视为从 v_i 到 v_j 的两步过渡。

  高阶邻近度泛化了这个概念，并允许捕捉更全局的结构。因此，高阶邻近度可以被视为从 v_i 到 v_j 的 k 步（$k \geqslant 3$）过渡。

给定邻近度的定义，现在可以来描述 HOPE 方法。形式上，令 $G = (V, E)$是想要计算

嵌入的图，令 $A \in \mathbb{R}^{|V| \times |V|}$ 是它的邻接矩阵。该算法使用的损失函数（L）定义如下。

$$L = \left\| S - Y_s \times Y_t^T \right\|_F^2$$

在上述公式中，$S \in \mathbb{R}^{|V| \times |V|}$ 是从图 G 生成的相似性矩阵（Similarity Matrix），$Y_s \in \mathbb{R}^{|V| \times d}$ 和 $Y_t \in \mathbb{R}^{|V| \times d}$ 表示 d 维嵌入空间的两个嵌入矩阵。具体而言，Y_s 表示源嵌入，而 Y_t 则表示目标嵌入。

HOPE 使用这两个矩阵来捕获有向网络中的非对称邻近度（在有向网络中存在来自源节点和目标节点的方向）。最终的嵌入矩阵 Y 是通过简单地按列连接 Y_s 和 Y_t 矩阵而获得的。由于该操作，HOPE 生成的最终嵌入空间将有 $2 \times d$ 维。

如前文所述，S 矩阵是从原始图 G 中获得的相似性矩阵。S 的目标是获得高阶邻近信息。形式上，它计算为 $S = M_g \cdot M_l$，其中 M_g 和 M_l 都是矩阵的多项式。

在最初的表述中，HOPE 的作者提出了计算 M_g 和 M_l 的不同方法。在这里将介绍一种常见且简单的计算这些矩阵的方法，即 Adamic-Adar（AA）方法。

在 Adamic-Adar 方法公式中：

$$M_g = I$$

$$M_l = A \cdot D \cdot A$$

其中，I 是单位矩阵，D 是对角矩阵，其计算公式为

$$D_{ij} = 1 \Big/ \left(\sum (A_{ij} + A_{ji}) \right)$$

其他计算 M_g 和 M_l 的公式还包括 Katz Index、Rooted PageRank（RPR）和 Common Neighbors（CN）等。

以下代码演示了如何使用 Python 和 GEM 库执行给定 networkx 图的节点嵌入。

```python
import networkx as nx
from gem.embedding.hope import HOPE
G = nx.barbell_graph(m1=10, m2=4)
gf = HOPE(d=4, beta=0.01)
gf.learn_embedding(G)
embeddings = gf.get_embedding()
```

上述代码类似于 GF 使用的代码。唯一的区别在于类的初始化，因为这里使用的是 HOPE。根据 GEM 提供的实现，d 参数表示嵌入空间的维度，将定义最终嵌入矩阵 Y 的列数，在逐列连接 Y_s 和 Y_t 后获得。

因此，Y_s 和 Y_t 的列数由分配给 d 的值的 floor 除法（Python 中的 "//" 运算符）定义。上述代码的结果如图 3.3 所示。

在上述示例中，图是无向的，因此源节点和目标节点之间没有区别。图 3.3 显示了表

示 Y_s 的 embeddings 矩阵的前两个维度。在本示例中，可以看到 HOPE 生成的嵌入空间如何更好地分离不同的节点。

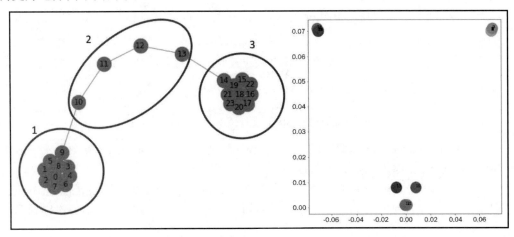

图 3.3　将 HOPE 算法应用于图（左）以生成其节点的嵌入向量（右）

3.4.3　具有全局结构信息的图表示

具有全局结构信息的图表示（GraphRep），如 HOPE，允许保留高阶邻近度，而不会强制其嵌入具有对称属性。形式上，令 $G=(V, E)$ 是想要计算嵌入的图，令 $A \in \mathbb{R}^{|V| \times |V|}$ 是它的邻接矩阵。该算法使用的损失函数（L）定义如下。

$$L_k = \left\| X^k - Y_s^k \times Y_t^{k^T} \right\|_F^2 \ 1 \leqslant k \leqslant K$$

在上述公式中，$X^k \in \mathbb{R}^{|V| \times |V|}$ 是从图 G 生成的矩阵，以获得节点之间的 k 阶邻近度。$Y_s^k \in \mathbb{R}^{|V| \times d}$ 和 $Y_t^k \in \mathbb{R}^{|V| \times d}$ 是两个嵌入矩阵，分别代表源节点和目标节点的 k 阶邻近度的 d 维嵌入空间。

X^k 矩阵根据以下公式计算：

$$X^k = \prod_k \left(D^{-1} A \right)$$

其中，D 是一个对角矩阵，称为度矩阵（Degree Matrix），它使用以下公式计算。

$$D_{ij} = \begin{cases} \sum_p A_{ip}, \ i = j \\ 0, \ i \neq j \end{cases}$$

$X^1 = D^{-1} A$ 表示（一步）概率转移矩阵，其中，X_{ij}^1 是在一步内从顶点 v_i 过渡到 v_j 的概率。一般来说，对于 k 这样的通用值，X_{ij}^k 表示在 k 步内从顶点 v_i 过渡到 v_j 的概率。

对于每一阶的接近度 k，都可以拟合一个独立的优化问题。然后将生成的所有 k 个嵌入矩阵按列连接以获得最终的源嵌入矩阵。

以下代码演示了如何使用 Python 和 karateclub 库执行给定 networkx 图的节点嵌入。

```
import networkx as nx
from karateclub.node_embedding.neighbourhood.grarep import GraRep
G = nx.barbell_graph(m1=10, m2=4)
gr = GraRep(dimensions=2, order=3)
gr.fit(G)
embeddings = gr.get_embedding()
```

上述代码从 karateclub 库初始化 GraRep 类。在该实现中，dimension 参数表示嵌入空间的维度，而 order 参数则定义了节点之间的最大邻近阶数。

最终嵌入矩阵的列数（在本示例中，存储在 embeddings 变量中）是 dimension*order，这是因为，正如前文所说，对于每一阶的接近度 k，都会计算一个嵌入并将其连接到最终的嵌入矩阵中。

具体来说，由于本示例中计算了两个维度，因此 embeddings[:,:2]表示 $k=1$ 获得的嵌入，embeddings[:,2:4]表示 $k=2$ 获得的嵌入，embeddings[:,4:]表示 $k=3$ 获得的嵌入。上述代码的结果如图 3.4 所示。

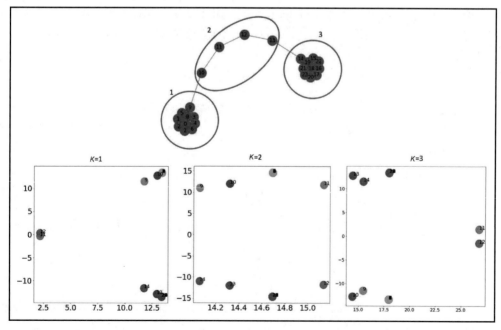

图 3.4　将 GraphRep 算法应用于图（上），以针对不同的 k 值生成其节点的嵌入向量（下）

从图 3.4 中可以看出，不同的邻近度阶数可得到不同的嵌入。由于本示例中输入的图非常简单，因此，在 $k=1$ 时，已经获得了分离良好的嵌入空间。具体来说，在所有邻近度阶数中，属于组 1 和组 3 的节点都具有相同的嵌入值（它们在散点图中是重叠的）。

现在我们已经掌握了一些用于无监督图嵌入的矩阵分解方法。接下来，我们将介绍使用 Skip-Gram 模型执行无监督图嵌入的不同方法。

3.5　Skip-Gram 模型

本节将详细阐述跳字（Skip-Gram）模型。由于该模型被不同的嵌入算法广泛使用，因此需要通过实例来更好地理解它，并掌握其不同的应用方法。

Skip-Gram 模型是一个简单的神经网络，带有一个经过训练的隐藏层，目的是在输入词出现时预测给定词出现的概率。可以通过使用文本语料库作为参考构建训练数据来训练该神经网络。图 3.5 描述了此过程。

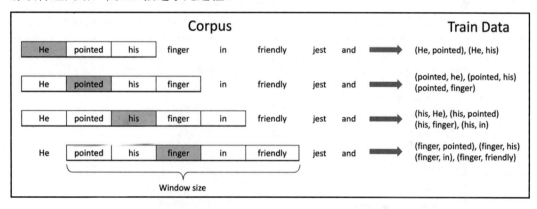

图 3.5　从给定语料库生成训练数据的示例

原　　文	译　　文
Corpus	语料库
Train Data	训练数据
Window size	窗口大小

图 3.5 中的示例显示了生成训练数据的算法是如何工作的。在填色框中的是目标词（Target Word），在线框中的是由长度为 2 的窗口大小标识的上下文词（Context Word）。

选择一个目标词，并围绕该词建立一个固定大小为 w 的滚动窗口。滚动窗口内的词称为上下文词。然后根据滚动窗口内的词构建多对(target word, context word)。

一旦从整个语料库中生成了训练数据，就会训练跳过语法模型来预测给定目标的单词作为上下文词的概率。在训练期间，神经网络将学习输入词的紧致表示。这就是 Skip-Gram 模型也被称为 Word to Vector（Word2Vec）的原因。

表示 Skip-Gram 模型的神经网络结构如图 3.6 所示。

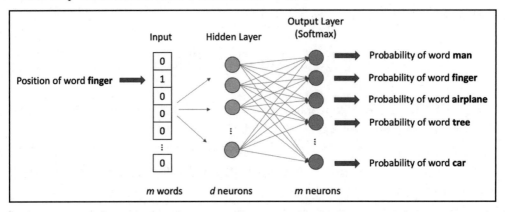

图 3.6　Skip-Gram 模型的神经网络结构（隐藏层中 d 个神经元的数量代表了嵌入空间的最终大小）

原　　文	译　　文
Position of word **finger**	**finger** 单词的位置
Input	输入
m words	m 个单词
Hidden Layer	隐藏层
d neurons	d 个神经元
Output Layer（Softmax）	输出层（Softmax 激活函数）
m neurons	m 个神经元
Probability of word **man**	单词 **man** 的概率
Probability of word **finger**	单词 **finger** 的概率
Probability of word **airplane**	单词 **airplane** 的概率
Probability of word **tree**	单词 **tree** 的概率
Probability of word **car**	单词 **car** 的概率

该神经网络的输入是一个大小为 m 的二进制向量。向量的每个元素代表我们想要嵌入单词的语言字典中的一个单词。在训练过程中，当给定一个(target word, context word)对时，输入数组中除表示目标词的条目为 1 外，所有其他条目的值均为 0。在图 3.6 中可以看到，在输入数组中只有目标词 finger 所在位置的值为 1，其他条目的值均为 0。

隐藏层有 d 个神经元。隐藏层将学习每个词的嵌入表示，将创建一个 d 维的嵌入空间。

最后，神经网络的输出层是 m 个神经元（与输入向量大小相同）的密集层，并且本示例使用了 Softmax 激活函数。每个神经元代表字典中的一个词。神经元分配的值对应于该词与输入词"相关"的概率。由于当 m 的大小增加时 Softmax 可能难以计算，因此始终使用分层 Softmax 方法。

Skip-Gram 模型的最终目标并不是实际学习我们之前描述的任务，而是构建输入词的紧致 d 维表示。有了这种表示之后，即可使用隐藏层的权重轻松提取单词的嵌入空间。

还有一种创建 Skip-Gram 模型的常用方法是基于上下文的连续词袋（Continuous Bag-of-Words，CBOW），此处不再介绍。

在理解了 Skip-Gram 模型背后的基本概念之后，即可开始了解一系列建立在该模型之上的无监督图嵌入算法。一般来说，所有基于 Skip-Gram 模型的无监督嵌入算法都使用相同的原理。具体如下所述。

这些算法从输入的图开始，它们从中提取一个游走（Walks）集合。这些游走可以被视为一个文本语料库，其中每个节点代表一个单词。如果两个单词（代表节点）在游走中通过边连接，则说明它们在文本中彼此靠近。

这些算法之间的主要区别在于计算这些游走的方式。事实上，正如我们将看到的，不同的游走生成算法可以强调图的特定局部或全局结构。

3.5.1　DeepWalk 算法

深度游走（DeepWalk）算法使用 Skip-Gram 模型生成给定图的节点嵌入。为了更好地解释这个模型，我们需要介绍随机游走（Random Walk）的概念。

形式上，设 G 是一个图，设 v_i 是一个被选为起点的顶点。现在随机选择 v_i 的一个邻居，然后向它移动。从这一点开始，我们将随机选择另一个点来移动。该过程重复 t 次。以这种方式选择的 t 个顶点的随机序列就是一个长度为 t 的随机游走。

值得一提的是，用于生成随机游走的算法并没有对它们的构建方式施加任何限制。因此，不能保证节点的局部邻域得到很好的保护。

使用随机游走的概念，DeepWalk 算法可为每个节点生成最多 t 大小的随机游走。这些随机游走将作为 Skip-Gram 模型的输入。使用 Skip-Gram 生成的嵌入将用作最终的节点嵌入。

在图 3.7 中可以看到该算法的逐步图表示。

以下是对图 3.7 中算法的分步说明。

（1）生成随机游走：对于输入图 G 的每个节点，计算一个 γ 随机游走集合，它具有固定最大长度（t）。

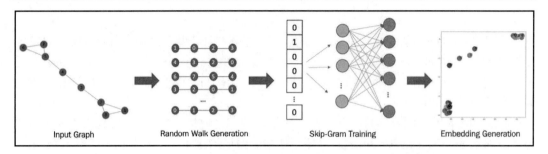

图 3.7　DeepWalk 算法生成给定图的节点嵌入的所有步骤

原　　　文	译　　　文
Input Graph	输入图
Random Walk Generation	生成随机游走
Skip-Gram Training	Skip-Gram 训练
Embedding Generation	生成嵌入

需要注意的是，长度 t 是一个上限。这里并不强制所有路径具有相同长度。

（2）Skip-Gram 训练：使用步骤（1）生成的所有随机游走，训练一个 Skip-Gram 模型。

如前文所述，Skip-Gram 模型适用于单词和句子。当一个图作为 Skip-Gram 模型的输入时（见图 3.7），该图可以被看作一个输入文本语料库，而图的单个节点可以被看作语料库中的一个词。

随机游走可以看作一个单词序列（一个句子），训练 Skip-Gram 使用通过随机游走中的节点生成的"假"句子。在此步骤中使用先前描述的 Skip-Gram 模型的参数（即窗口大小 w 和嵌入大小 d）。

（3）生成嵌入：包含在训练过的 Skip-Gram 模型的隐藏层中的信息将用于提取每个节点的嵌入。

以下代码演示了如何使用 Python 和 karateclub 库执行给定 networkx 图的节点嵌入。

```
import networkx as nx
from karateclub.node_embedding.neighbourhood.deepwalk import DeepWalk
G = nx.barbell_graph(m1=10, m2=4)
dw = DeepWalk(dimensions=2)
dw.fit(G)
embeddings = dw.get_embedding()
```

可以看到，该代码非常简单。首先需要通过 karateclub 库初始化 DeepWalk 类。在该实现中，dimensions 参数表示嵌入空间的维度。

DeepWalk 类接收的其他值得一提的参数如下。

❑　walk_number：为每个节点生成的随机游走次数。

❑　walk_length：生成的随机游走的长度。

❑　window_size：Skip-Gram 模型的窗口大小参数。

最后，使用 dw.fit(G)将模型拟合到图 G 上，并使用 dw.get_embedding()提取嵌入。该代码运行结果如图 3.8 所示。

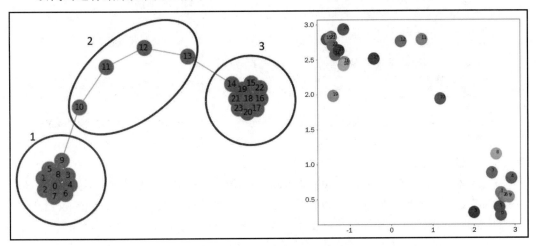

图 3.8　将 DeepWalk 算法应用于图（左）以生成其节点的嵌入向量（右）

从图 3.8 中可以看到，DeepWalk 已经将区域 1 与区域 3 分开。这两组被属于区域 2 的节点污染。实际上，对于这些节点，在嵌入空间中看不到明显的区别。

3.5.2　Node2Vec 算法

Node2Vec 算法可以看作 DeepWalk 的扩展。实际上，与 DeepWalk 一样，Node2Vec 也将生成一组随机游走，用作 Skip-Gram 模型的输入。

训练完成后，Skip-Gram 模型的隐藏层用于生成图中节点的嵌入。这两种算法的主要区别在于随机游走的生成方式。

事实上，如果说 DeepWalk 是在不使用任何偏差的情况下生成随机游走，那么在 Node2Vec 中，就是引入了一种在图上生成有偏差随机游走的新技术。该生成随机游走的算法通过合并广度优先搜索（Breadth-First Search，BFS）和深度优先搜索（Depth-First Search，DFS）来结合图的探索。这两种算法在随机游走的生成中组合的方式由两个参数 p 和 q 正则化。p 定义了随机游走返回前一个节点的概率，而 q 则定义了随机游走可以通过图中先前未见过的部分的概率。

　　由于这种组合，Node2Vec 算法可以通过保留图中的局部结构以及全局社区结构来保留高阶邻近度。这种新的随机游走生成方法可以解决 DeepWalk 保留节点局部邻域属性的局限性问题。

　　以下代码演示了如何使用 Python 和 node2vec 库执行给定 networkx 图的节点嵌入。

```
import networkx as nx
from node2vec import Node2Vec
G = nx.barbell_graph(m1=10, m2=4)
draw_graph(G)
node2vec = Node2Vec(G, dimensions=2)
model = node2vec.fit(window=10)
embeddings = model.wv
```

　　可以看到，Node2Vec 的代码也很简单。首先需要从 node2vec 库初始化 Node2Vec 类。在该实现中，dimensions 参数表示嵌入空间的维度，然后使用 node2vec.fit(window=10) 拟合模型。最后使用 model.wv 获得嵌入。

　　需要注意的是，model.wv 是 Word2VecKeyedVectors 类的对象。为了得到以 nodeid 为 ID 的特定节点的嵌入向量，可以使用已经训练过的模型，如 model.wv[str(nodeId)]。

　　Node2Vec 类接收的其他值得一提的参数如下。

❑　num_walks：为每个节点生成的随机游走数。

❑　walk_length：生成的随机游走的长度。

❑　p, q：随机游走生成算法的 p 和 q 参数。

　　该代码的结果如图 3.9 所示。

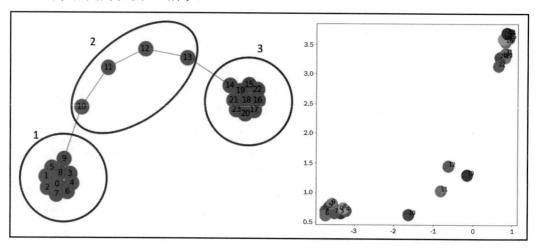

图 3.9　将 Node2Vec 算法应用于图（左）以生成其节点的嵌入向量（右）

从图 3.9 中可以看出，与 DeepWalk 相比，Node2Vec 可以在嵌入空间中的节点之间获得更好的分离。具体来说，区域 1 和 3 很好地聚集在两个空间区域中，而区域 2 正好位于两组的中间，没有任何重叠。

3.5.3　Edge2Vec 算法

与上述其他嵌入函数不同，边到向量（Edge to Vector，Edge2Vec）算法将基于边而不是节点生成嵌入空间。该算法的主要思想是利用两个相邻节点的节点嵌入进行一些基本的数学运算，以提取连接它们的边的嵌入。

形式上，令 v_i 和 v_j 是两个相邻的节点，令 $f(v_i)$ 和 $f(v_j)$ 是使用 Node2Vec 计算的这两个节点的嵌入，可使用表 3.1 中的算子和公式来计算它们的边的嵌入。

表 3.1　Node2Vec 库中的边嵌入算子、公式和类名

算　　子	公　　式	类　　名
Average	$\dfrac{f(v_i) + f(v_j)}{2}$	AverageEmbedder
Hadamard	$f(v_i) * f(v_j)$	HadamardEmbedder
Weighted-L1	$\left| f(v_i) - f(v_j) \right|$	WeightedL1Embedder
Weighted-L2	$\left| f(v_i) - f(v_j) \right|^2$	WeightedL2Embedder

以下代码演示了如何使用 Python 和 Node2Vec 库执行给定 networkx 图的边嵌入。

```
from node2vec.edges import HadamardEmbedder
embedding = HadamardEmbedder(keyed_vectors=model.wv)
```

该代码非常简单。HadamardEmbedder 类仅使用 keyed_vectors 参数进行实例化。这个参数的值是 Node2Vec 生成的嵌入模型。

要使用其他技术来生成边嵌入，只需要更改类并从表 3.1 列出的类中选择一个。

该算法的应用示例如图 3.10 所示。

从图 3.10 中可以看到，不同的嵌入方法如何生成完全不同的嵌入空间。就本示例而言，AverageEmbedder 和 HadamardEmbedder 可以为区域 1、2 和 3 生成分离良好的嵌入。但是，对于 WeightedL1Embedder 和 WeightedL2Embedder 来说，嵌入空间没有很好地分离，因为它们的边嵌入集中在一个区域，没有显示清晰的聚类。

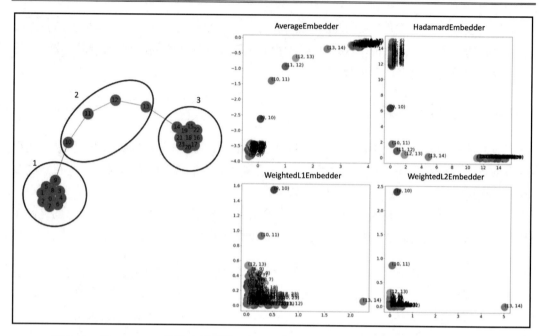

图 3.10　将 Edge2Vec 算法应用于图（左）以使用不同方法生成其边的嵌入向量（右）

3.5.4　Graph2Vec 算法

之前描述的方法都是为给定图上的每个节点或边生成嵌入空间，而图到向量（Graph to Vector，Graph2Vec）则泛化了这个概念并可为整个图生成嵌入。

具体来说，就是给定一组图，Graph2Vec 算法将生成一个嵌入空间，其中每个点代表一个图。该算法使用称为文档到向量（Document to Vector，Doc2Vec）的模型来生成其嵌入。该模型是 Word2Vec Skip-Gram 模型的进化版本。

图 3.11 显示了该模型的工作原理。

与简单的 Word2Vec 相比，Doc2Vec 还接收另一个表示包含输入单词的文档的二进制数组。给定一个"目标"文档和一个"目标"词，然后模型尝试相对于输入的"目标"词和文档预测最可能的"上下文"词。

在理解了 Doc2Vec 模型之后，现在可以开始介绍 Graph2Vec 算法。这种方法背后的主要思想是将整个图视为一个文档，并将其每个子图作为每个节点的 ego 图（参见第 1 章"图的基础知识"）生成，作为组成文档的单词。

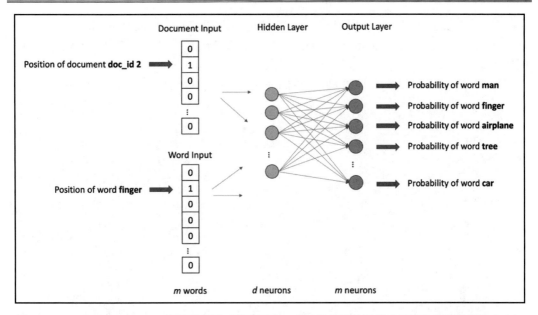

图 3.11　Doc2Vec Skip-Gram 模型示意图（隐藏层中 d 个神经元的数量代表了嵌入空间的最终大小）

原　　文	译　　文
Document Input	文档输入
Position of document **doc_id 2**	**doc_id 2** 文档的位置
Word Input	单词输入
Position of word **finger**	**finger** 单词的位置
m words	m 个单词
Hidden Layer	隐藏层
d neurons	d 个神经元
Output Layer	输出层
m neurons	m 个神经元
Probability of word **man**	单词 **man** 的概率
Probability of word **finger**	单词 **finger** 的概率
Probability of word **airplane**	单词 **airplane** 的概率
Probability of word **tree**	单词 **tree** 的概率
Probability of word **car**	单词 **car** 的概率

　　换句话说，图由子图组成，就像文档由句子组成一样。根据这个思路，该算法可以概括为以下步骤。

　　（1）生成子图：围绕每个节点生成一组有根的子图。

（2）Doc2Vec 训练：使用步骤（1）生成的子图训练 Doc2Vec Skip-Gram。

（3）生成嵌入：使用训练后的 Doc2Vec 模型的隐藏层中包含的信息来提取每个节点的嵌入。

以下代码演示了如何使用 Python 和 karateclub 库执行一组 networkx 图的节点嵌入。

```python
import matplotlib.pyplot as plt
from karateclub import Graph2Vec
n_graphs = 20
def generate_random():
    n = random.randint(5, 20)
    k = random.randint(5, n)
    p = random.uniform(0, 1)
    return nx.watts_strogatz_graph(n,k,p)

Gs = [generate_random() for x in range(n_graphs)]

model = Graph2Vec(dimensions=2)
model.fit(Gs)
embeddings = model.get_embedding()
```

上述代码执行了以下操作。

（1）使用随机参数生成了 20 个 Watts-Strogatz 图。

（2）用二维初始化来自 karateclub 库的 Graph2Vec 类。在该实现中，dimensions 参数表示嵌入空间的维度。

（3）使用 model.fit(Gs)在输入数据上拟合模型。

（4）使用 model.get_embedding()提取包含嵌入的向量。

该代码的运行结果如图 3.12 所示。

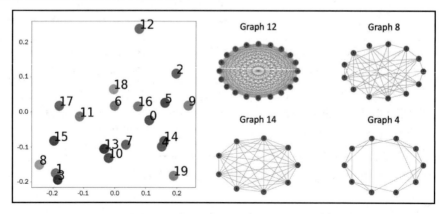

图 3.12　将 Graph2Vec 算法应用于图（左）以使用不同方法生成其节点的嵌入向量（右）

在图 3.12 中可以看到为不同图生成的嵌入空间。

至此，我们已经了解了基于矩阵分解和 Skip-Gram 模型的不同浅层嵌入方法。当然，在科学文献中，还存在许多无监督的嵌入算法，如拉普拉斯方法（Laplacian Method）。对探索这些方法感兴趣的读者可以查看论文 *Machine Learning on Graphs: A Model and Comprehensive Taxonomy*（《基于图的机器学习：模型和综合分类法》）。该论文的网址如下。

https://arxiv.org/abs/2005.03675

接下来，我们将讨论基于自动编码器的更复杂的图嵌入算法。

3.6　自动编码器

自动编码器（Autoencoder）是一种极其强大的工具，可以有效地帮助数据科学家处理高维数据集。尽管它首次出现是在大约 30 年前，但却到最近几年才大放异彩。随着基于神经网络的算法普遍兴起，自动编码器也变得越来越普遍。

除了允许压缩稀疏表示外，自动编码器还可以作为生成模型的基础。其中最著名的生成模型便是生成对抗网络（Generative Adversarial Network，GAN）。用 Geoffrey Hinton（深度学习鼻祖）的话来说，GAN 是"过去 10 年机器学习领域最有趣的想法"。

自动编码器是一种输入和输出基本相同的神经网络，但其特点是隐藏层中的单元数量很少。粗略地说，它是一个神经网络，经过训练可以使用明显更少的变量和/或自由度来重建其输入。

由于自动编码器不需要标记数据集，因此可以将其视为无监督学习和降维技术的示例。当然，与主成分分析（Principal Component Analysis，PCA）和矩阵分解等其他技术不同，自动编码器可以学习非线性变换，这要归功于其神经元的非线性激活函数。

图 3.13 显示了一个简单的自动编码器示例。可以看到，自动编码器通常被视为由以下两部分组成。

- ❑ 编码器网络：它通过一个或多个单元处理输入并将其映射到编码之后的表示中，以减少输入的维度（欠完备的自动编码器）和/或限制其稀疏性（过完备的正则化自动编码器）。
- ❑ 解码器网络：通过中间层的编码表示重构输入信号。

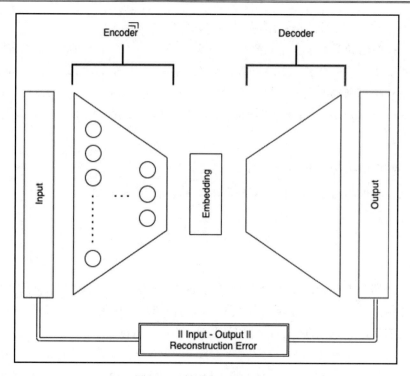

图 3.13　自动编码器结构图

原　　文	译　　文	原　　文	译　　文
Encoder	编码器	Embedding	嵌入
Decoder	解码器	Output	输出
Input	输入	Reconstruction Error	重建误差

该编码器-解码器结构将进行训练，以最小化整个网络重建输入的能力。为了完全指定一个自动编码器，需要一个损失函数。输入和输出之间的误差可以使用不同的度量指标来计算，实际上，在构建自动编码器时，为"重建"误差选择正确的形式是一个关键点。

测量重建误差的损失函数的一些常见选择包括均方误差（Mean Square Error，MSE）、平均绝对误差（Mean Absolute Error，MAE）、交叉熵（Cross-Entropy）和 KL 散度（Kullback-Leibler Divergence）等。

接下来，我们将向读者展示如何从一些基本概念开始构建自动编码器，然后将这些概念应用于图结构。但在深入研究之前，还有必要先简要介绍一下使我们能够做到这一点的框架：TensorFlow 和 Keras。

3.6.1　TensorFlow 和 Keras——强大的组合

TensorFlow 由 Google 公司于 2017 年作为开源发布，现在已经成为事实上的标准框架，允许符号计算和差分编程。它的基本功能是，构建一个符号结构，描述如何组合输入以产生输出，定义通常称为计算图（Computational Graph）或有状态数据流图（Stateful Dataflow Graph）的内容。在此图中，节点是变量（标量、数组、张量），边表示将输入连接到单个操作的输出的操作。这里的输入称为边源（Edge Source），输出则是边目标（Edge Target）。

在 TensorFlow 中，图是静态的（另外还有一个非常流行的框架是 PyTorch，它们之间的主要区别之一就是 PyTorch 采用了动态图机制），并且可以将数据作为输入提供给图计算模型，这清除了之前提到的“数据流”属性。

通过抽象计算，TensorFlow 成为一个非常通用的工具，可以在多个后端上运行。它可以在由 CPU、GPU 甚至专门设计的处理单元（如 TPU）驱动的机器上运行。请注意，TPU 中的 T 指的就是张量（Tensor）。

此外，TensorFlow 驱动的应用程序还可以部署在不同的设备上，从单机到分布式服务器甚至是移动设备均可。

除了抽象计算，TensorFlow 还允许用户根据任何变量对计算图进行符号微分，从而产生一个新的计算图，该计算图也可以微分以产生高阶导数。这种方法通常被称为符号到符号导数（Symbol-to-Symbol Derivative），它确实非常强大，尤其是在通用损失函数优化的环境中——通用损失函数优化需要梯度估计，如梯度下降技术。

读者可能已经知道，使用多参数优化损失函数的问题是通过反向传播训练任何神经网络的核心问题。这无疑是 TensorFlow 在过去几年变得非常流行的主要原因，当然也是 Google 要设计和开发它的重要原因。

深入了解 TensorFlow 的使用超出了本书的讨论范围，实际上读者可以通过专门书籍或网络搜索找到更多相关信息。接下来，我们将使用它的一些主要功能，为读者提供构建神经网络的基本工具。

自上一个主要版本 2.x 以来，使用 TensorFlow 构建模型的标准方法是使用 Keras API。Keras 原本是 TensorFlow 的一个外部项目，旨在提供一个通用且简单的 API 来使用多个差分编程框架（如 TensorFlow、Teano 和 CNTK），以实现神经网络模型。它一般是抽象了计算图的低级实现，并为开发人员提供构建神经网络时最常用的层（尽管自定义层也可以轻松实现），如卷积层、循环层、正则化层和损失函数。

　　Keras 还公开了与 scikit-learn 非常相似的 API，scikit-learn 是 Python 生态系统中最流行的机器学习库，使数据科学家可以非常轻松地在其应用程序中构建、训练和集成基于神经网络的模型。

　　接下来，我们将向读者展示如何使用 Keras 构建和训练自动编码器。我们会先将这些技术应用于图像，然后逐步将关键概念应用于图结构。

3.6.2　第一个自动编码器

　　本小节将首先以最简单的形式实现一个自动编码器，即一个简单的前馈网络（Feed-Forward Network），经过训练以重建其输入，然后将其应用于 Fashion-MNIST 数据集，该数据集类似于著名的 MNIST 数据集（MNIST 数据集是包含手写数字的黑白图像集）。

　　Fashion-MNIST 数据集有 10 个类别，由 6 万幅+1 万幅（训练数据集+测试数据集）、28×28 像素的灰度图像组成，其具体分类包括 T-shirt（T 恤）、Trouser（裤子）、Pullover（套头衫）、Dress（连衣裙）、Coat（外套）、Sandal（凉鞋）、Shirt（衬衫）、Sneaker（运动鞋）、Bag（包）和 Ankle boot（短靴）。

　　Fashion-MNIST 数据集比原始 MNIST 数据集更难，通常用于基准算法。

　　该数据集已经集成在 Keras 库中，可使用以下代码轻松导入。

```
from tensorflow.keras.datasets import fashion_mnist
(x_train, y_train), (x_test, y_test) = fashion_mnist.load_data()
```

　　以大约 1 的数量级重新调整输入（这对于激活函数来说最有效）并确保数值数据为单精度（32 位）而不是双精度（64 位）通常是一种很好的做法。这是因为在训练神经网络时通常希望提高速度而不是精度，这是一个计算成本很高的过程。在某些情况下，精度甚至可以降低到半精度（16 位）。

　　可使用以下代码转换输入。

```
x_train = x_train.astype('float32') / 255.
x_test = x_test.astype('float32') / 255.
```

　　可使用以下代码绘制训练集中的一些样本，以了解正在处理的输入类型。

```
n = 10
plt.figure(figsize=(20, 4))
for i in range(n):
    ax = plt.subplot(1, n, i + 1)
    plt.imshow(x_train[i])
    plt.title(classes[y_train[i]])
    plt.gray()
```

```
    ax.get_xaxis().set_visible(False)
    ax.get_yaxis().set_visible(False)
plt.show()
```

上述代码中，classes 表示整数和类名之间的映射关系，如 T-shirt、Trouser、Pullover、Dress、Coat、Sandal、Shirt、Sneaker、Bag 和 Ankle boot，如图 3.14 所示。

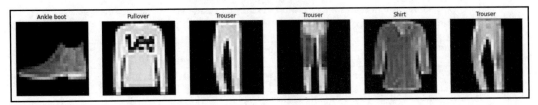

图 3.14　取自 Fashion-MNIST 数据集训练集的一些样本

现在已经导入了输入，可以通过创建编码器和解码器来构建自动编码器网络。我们将使用 Keras 函数式 API 执行此操作，与所谓的 Sequential API 相比，它提供了更多的通用性和灵活性。

首先定义编码器网络。

```
from tensorflow.keras.layers import Conv2D, Dropout,
MaxPooling2D, UpSampling2D, Input
input_img = Input(shape=(28, 28, 1))
x = Conv2D(16, (3, 3), activation='relu', padding='same')(input_img)
x = MaxPooling2D((2, 2), padding='same')(x)
x = Conv2D(8, (3, 3), activation='relu', padding='same')(x)
x = MaxPooling2D((2, 2), padding='same')(x)
x = Conv2D(8, (3, 3), activation='relu', padding='same')(x)
encoded = MaxPooling2D((2, 2), padding='same')(x)
```

可以看到，该网络由 3 个相同的模式（Pattern）层堆叠而成，这些模式又由相同的两层构建块组成。

- ❑ Conv2D，这是一种应用于输入的二维卷积核，可有效对应于跨所有输入神经元共享的权重。

  在应用卷积核之后，使用 ReLU 激活函数转换输出。对于 n 个隐藏平面复制此结构，其中 n 在第一个堆叠层中为 16，在第二个和第三个堆叠层中为 8。

- ❑ MaxPooling2D，它可以通过在指定窗口（本示例中为 2×2）上取最大值来对输入进行下采样（down-sample）。

使用 Keras API，还可以大致了解层如何使用 Model 类转换输入，该类可将张量转换为易于使用和探索的用户友好模型。

```
Model(input_img, encoded).summary()
```

它提供了如图 3.15 所示编码器网络的摘要信息。

```
Model: "model_4"

Layer (type)                    Output Shape              Param #
=================================================================
input_2 (InputLayer)            [(None, 28, 28, 1)]       0

gaussian_noise (GaussianNois    (None, 28, 28, 1)         0

conv2d_7 (Conv2D)               (None, 28, 28, 16)        160

max_pooling2d_3 (MaxPooling2    (None, 14, 14, 16)        0

conv2d_8 (Conv2D)               (None, 14, 14, 8)         1160

max_pooling2d_4 (MaxPooling2    (None, 7, 7, 8)           0

conv2d_9 (Conv2D)               (None, 7, 7, 8)           584

max_pooling2d_5 (MaxPooling2    (None, 4, 4, 8)           0
=================================================================
Total params: 1,904
Trainable params: 1,904
Non-trainable params: 0
```

图 3.15　编码器网络概览

可以看到，在编码阶段结束时，我们获得了一个$(4, 4, 8)$张量，初始输入（28×28）是其 6 倍多。现在可以构建解码器网络。请注意，编码器和解码器不需要具有相同的结构和/或共享权重。

```
x = Conv2D(8, (3, 3), activation='relu', padding='same')(encoded)
x = UpSampling2D((2, 2))(x)
x = Conv2D(8, (3, 3), activation='relu', padding='same')(x)
x = UpSampling2D((2, 2))(x)
x = Conv2D(16, (3, 3), activation='relu')(x)
x = UpSampling2D((2, 2))(x)
decoded = Conv2D(1, (3, 3), activation='sigmoid',padding='same')(x)
```

在本示例中，解码器网络类似于编码器结构，其中使用 MaxPooling2D 层实现的输入下采样已被 UpSampling2D 层取代，它基本是在指定的窗口（在本示例中为 2×2）上重复输入，以有效地倍增每个方向的张量。

现在我们已经完全定义了编码器和解码器层的网络结构。为了完全指定自动编码器，还需要指定一个损失函数。

此外，为了构建计算图，Keras 还需要知道应该使用哪些算法来优化网络权重。

因此，在编译模型时，通常会向 Keras 提供两种信息，即要使用的损失函数和优化器。

```
autoencoder = Model(input_img, decoded)
autoencoder.compile(optimizer='adam', loss='binary_crossentropy')
```

现在可以训练这个自动编码器了。Keras Model 类提供了类似 scikit-learn 的 API，以及用于训练神经网络的 fit 方法。

请注意，由于自动编码器的性质，需使用与网络输入和输出相同的信息。

```
autoencoder.fit(x_train, x_train,
                epochs=50,
                batch_size=128,
                shuffle=True,
                validation_data=(x_test, x_test))
```

训练完成后，即可将输入图像与其重建版本进行比较，以此检查网络重建输入的能力，这可以使用 Keras Model 类的 predict 方法轻松计算，如下所示。

```
decoded_imgs = autoencoder.predict(x_test)
```

在图 3.16 中显示了重建的图像。可以看到，该网络非常擅长重建未见图像，尤其是在考虑大规模特征时。压缩过程可能会丢失细节（如 T 恤上的徽标），但我们的网络确实已捕获了整体相关信息。

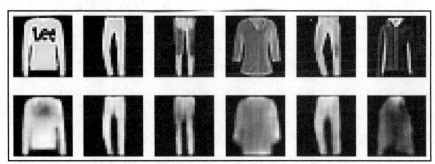

图 3.16　训练完成的自动编码器在测试集上完成的重建示例

使用 T-SNE 在二维平面中表示图像的编码版本也非常有趣。

```
from tensorflow.keras.layers import Flatten
embed_layer = Flatten()(encoded)
embeddings = Model(input_img, embed_layer).predict(x_test)
```

```
tsne = TSNE(n_components=2)
emb2d = tsne.fit_transform(embeddings)
x, y = np.squeeze(emb2d[:, 0]), np.squeeze(emb2d[:, 1])
```

　　T-SNE 提供的坐标如图 3.17 所示（按样本所属的类别着色）。可以清楚地看到不同服装的聚类，对于某些类来说分隔尤其鲜明。

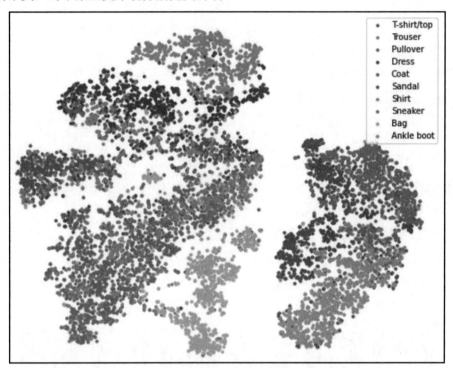

图 3.17　从测试集中提取的嵌入的 T-SNE 变换，按样本所属的类别着色

　　当然，自动编码器很容易过拟合，因为它们倾向于准确地重新创建训练图像并且不能很好地泛化。

　　接下来，我们将看看如何防止过拟合以构建更稳定可靠的密集表示。

3.6.3　去噪自动编码器

　　除了允许将稀疏表示压缩为更密集的向量，自动编码器还广泛用于处理信号以滤除噪声并仅提取相关（特征）信号。这在许多应用中非常有用，尤其是在识别异常值时。

　　去噪自动编码器（Denoising Autoencoder）是已经实现的一个小的变体。如前文所述，基本的自动编码器使用相同的图像作为输入和输出进行训练；去噪自动编码器则使用一些不同强度的噪声来破坏输入，同时保持相同的无噪声目标。这可以通过简单地向输入添加一些高斯噪声来实现。

```
noise_factor = 0.1
x_train_noisy = x_train + noise_factor * np.random.
normal(loc=0.0, scale=1.0, size=x_train.shape)
x_test_noisy = x_test + noise_factor * np.random.
normal(loc=0.0, scale=1.0, size=x_test.shape)

x_train_noisy = np.clip(x_train_noisy, 0., 1.)
x_test_noisy = np.clip(x_test_noisy, 0., 1.)
```

然后可以使用已损坏的输入训练网络，而输出则使用无噪声图像。

```
noisy_autoencoder.fit(x_train_noisy, x_train,
                      epochs=50,
                      batch_size=128,
                      shuffle=True,
                      validation_data=(x_test_noisy, x_test))
```

当数据集很大并且过拟合噪声的风险相当有限时，这种方法通常是有效的。当数据集较小时，还有一种避免网络"学习"噪声（从而学习静态噪声图像与其无噪声版本之间的映射）的方法是使用 GaussianNoise 层添加训练随机噪声。

请注意，采用这种方式时，噪声可能会在不同 Epochs 之间发生变化，并阻止网络学习叠加到训练集的静态损坏。为此，可按以下方式更改网络的第一层。

```
input_img = Input(shape=(28, 28, 1))
noisy_input = GaussianNoise(0.1)(input_img)
x = Conv2D(16, (3, 3), activation='relu', padding='same')(noisy_input)
```

这里的区别在于，现在不再有静态损坏的样本（不随时间变化）。现在，噪声输入会在不同的 Epochs 之间不断变化，从而避免网络学习噪声。

GaussianNoise 层是正则化层的一个示例，即通过在网络中插入随机部分来帮助减少神经网络过拟合的层。GaussianNoise 层将使模型更稳定可靠，能够更好地泛化，避免自动编码器学习恒等函数。

正则化层的另一个常见示例是 Dropout 层，它可有效地将某些输入设置为 0（采用随机概率 p_0）并按 $1/(1-p_0)$ 因子重新缩放其他输入，以（在统计上）保持所有单位的总和不变，无论有没有 Dropout。

Dropout 的意思是扔掉、舍弃，实际上就是随机去掉层之间的一些连接，以减少对特定神经元的输出依赖性。用户需要记住的是，正则化层仅在训练时处于活动状态，而在测试时它们仅对应于恒等（Identity）层。

在图 3.18 中，比较了先前未正则化训练网络和包含 GaussianNoise 层的网络噪声输入（输入）的网络重建。其中，第 1 行包含噪声的输入，第 2 行为使用默认自动编码器重建的输出，第 3 行为使用去噪自动编码器重建的输出。可以看出（例如，比较裤子的图像可见），包含正则化的模型更加稳定可靠并可重建无噪声输出。

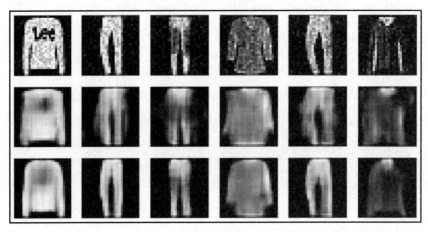

图 3.18　样本重建比较

在自动编码器中，正则化层通常用于处理可能过拟合和学习恒等函数的深度神经网络。它通常会引入 Dropout 或 GaussianNoise 层，重复由正则化层和可学习层组成的类似模式。可学习层常称为堆叠去噪层（Stacked Denoising Layer）。

3.6.4　图自动编码器

一旦理解了自动编码器的基本概念，即可将该框架应用于图结构。网络结构可被分解为编码器-解码器结构，在它们之间是低维表示，如果这仍然适用，那么在处理网络时，必须谨慎定义要优化的损失函数。

首先，需要将重构误差调整为可以适应图结构特性的有意义的公式。要做到这一点，首先需要了解一阶和高阶邻近度的概念。

将自动编码器应用于图结构时，网络的输入和输出应该是图的表示，如邻接矩阵。然后可以将重建损失定义为输入和输出矩阵之间差异的 Frobenius 范数。但是，当我们将自动编码器应用于此类图结构和邻接矩阵时，会出现以下两个关键问题。

❑ 尽管链接的存在表明两个顶点之间存在关系或相似性，但它们的缺失通常并不表明顶点之间存在差异。

❑ 邻接矩阵非常稀疏，因此模型自然会倾向于预测 0 而不是正值。

为了解决图结构的这种特殊性，在定义重建损失时，需要对非零元素而不是零元素执行更多的错误惩罚。这可以使用以下损失函数来完成。

$$\mathcal{L}_{2nd} = \sum_{i=1}^{n} \left\| \left(\tilde{X}_l - X_i \right) \odot b_i \right\|$$

在这里，$\odot$ 是 Hadamard 逐个元素的乘积，如果节点 i 和 j 之间存在边，则 $b_{ij} = \beta > 1$，否则为 0。上面的损失函数保证共享一个邻域的顶点（即它们的邻接向量相似）在嵌入空间中也将是接近的。因此，上述公式自然会保留重建图的二阶邻近度。

另一方面，你也可以提升重构图中的一阶邻近度，从而强制已连接的节点在嵌入空间中靠近。可以通过使用以下损失函数来强制执行此条件。

$$\mathcal{L}_{1th} = \sum_{i,j=1}^{n} S_{ij} \left\| y_j - y_i \right\|_2^2$$

在这里，y_i 和 y_j 是嵌入空间中节点 i 和 j 的表示。该损失函数可强制相邻节点在嵌入空间中靠近。事实上，如果两个节点紧密相连，那么 s_{ij} 会很大，因此，它们在嵌入空间中的差值 $\left\| y_j - y_i \right\|_2^2$ 应该是有限的（表明两个节点在嵌入空间中很接近），以保持损失函数较小。

这两个损失函数也可以组合成一个损失函数，其中，为了防止过拟合，可以添加与权重系数的范数成正比的正则化损失。

$$\mathcal{L}_{tot} = \mathcal{L}_{2nd} + \alpha \cdot \mathcal{L}_{tot} + v \cdot \mathcal{L}_{reg} = \mathcal{L}_{2nd} + \alpha \cdot \mathcal{L}_{tot} + v \cdot \left\| W \right\|_F^2$$

在上述公式中，W 代表整个网络使用的所有权重。上述公式是由 Wang 等人在 2016 年提出的，现在被称为结构深度网络嵌入（Structural Deep Network Embedding，SDNE）。

虽然上述损失函数也可以直接用 TensorFlow 和 Keras 来实现，但是用户已经可以在之前提到的 GEM 包中找到这个已集成的网络。和以前一样，提取节点嵌入也仅需寥寥数行代码即可完成，如下所示。

```
G=nx.karate_club_graph()
sdne=SDNE(d=2, beta=5, alpha=1e-5, nu1=1e-6, nu2=1e-6,
        K=3,n_units=[50, 15,], rho=0.3, n_iter=10,
        xeta=0.01,n_batch=100,
        modelfile=['enc_model.json','dec_model.json'],
        weightfile=['enc_weights.hdf5','dec_weights.hdf5'])
```

```
sdne.learn_embedding(G)
embeddings = m1.get_embedding()
```

尽管非常强大，但这些图自动编码器在处理大型图时会遇到一些问题。具体来说就是，自动编码器的输入是邻接矩阵的一行，该矩阵的元素与网络中的节点一样多，而在大型网络中，这个大小很容易就达到数百万或数千万的数量级。

接下来，我们将讨论一种不同的网络信息编码策略。在某些情况下，该策略可能仅在局部邻域上以迭代方式聚合嵌入，使其可扩展到大型图。

3.7　图神经网络

图神经网络（Graph Neural Network，GNN）是适用于图结构数据的深度学习方法。这一系列方法也被称为几何深度学习（Geometric Deep Learning），并且在各种应用中越来越受到关注，包括社交网络分析和计算机图学。

根据第 2 章"图机器学习概述"中定义的分类法，编码器部分可将图结构和节点特征作为输入。这些算法可以在有监督或无监督的情况下进行训练。本章将专注于无监督训练，而有监督设置将在第 4 章"有监督图学习"中仔细讨论。

如果读者熟悉卷积神经网络（Convolutional Neural Network，CNN）的概念，则可能已经知道它们在处理常规欧几里得空间时能够取得令人印象深刻的结果，如文本（一维）、图像（二维）和视频（三维）空间。经典的 CNN 由一系列层组成，每层可提取多尺度的局部空间特征。这些特征被更深的层利用，以构建更复杂和更具表现力的表示。

近年来，研究人员们已经观察到多层和局部性等概念对于处理图结构数据也很有用。当然，图是在非欧式空间上定义的，因此，想要为图找到一个泛化的卷积神经网络并不是那么容易，如图 3.19 所示。

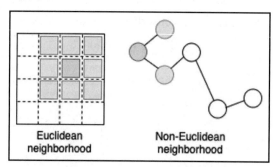

图 3.19　欧几里得邻域和非欧几里得邻域之间的视觉差异

原　　文	译　　文
Euclidean neighborhood	欧几里得邻域
Non-Euclidean neighborhood	非欧几里得邻域

　　GNN 的原始公式是由 Scarselli 等人在 2009 年提出的。它依赖于这样一个事实，即每个节点都可以通过其特征和邻域来描述。来自邻域的信息（代表图域中的局部性概念）可以聚合并用于计算更复杂和更高级的特征。

　　让我们仔细看看它是如何完成的。

　　开始时，每个节点 v_i 都与一个状态相关联。让我们从随机嵌入开始，这个随机嵌入记为 h_i^t（为简单起见忽略节点属性）。在算法的每次迭代中，节点使用一个简单的神经网络层累积来自其邻居的输入。

$$h_i^t = \sum_{v_j \in N(v_i)} \sigma\left(W h_j^{t-1} + b\right)$$

　　在这里，$W \in \mathbb{R}^{d \times d}$ 且 $b \in \mathbb{R}^d$ 是可训练的参数（其中，d 是嵌入的维度），σ 是一个非线性函数，t 表示算法的第 t 次迭代。

　　该公式以递归方式应用，直至达到特定目标。请注意，在每次迭代中，都会利用先前的状态（即在先前迭代中计算的状态）来计算已经在循环神经网络（Recurrent Neural Network）中出现的新状态。

3.7.1　图神经网络的变体

　　从第一个想法开始，近年来研究人员已经进行了多次尝试以重新解决从图数据中学习的问题。特别是，已经提出了前文描述的图神经网络（GNN）的各种变体，目的是提高其表示学习能力。其中还有一些变体专门设计用于处理特定类型的图（如有向图、无向图、加权图、无权图、静态图、动态图等）。

　　此外，还有一些修改是针对传播步骤的，如卷积、门机制、注意机制和跳过连接等，目的是改善不同级别的表示。另外，还提出了不同的训练方法来改善学习。

　　在处理无监督表示学习时，最常见的一种方法是使用编码器以嵌入图（编码器被设计为 GNN 的变体之一），然后使用简单的解码器重建邻接矩阵。

　　损失函数通常表示为原始邻接矩阵和重建矩阵之间的相似性。形式上，它可以按以下方式定义。

$$Z = GNN(X, A)$$
$$\hat{A} = ZZ^T$$

　　在这里，$A \in \mathbb{R}^{N \times N}$ 是邻接矩阵表示，$X \in \mathbb{R}^{N \times d}$ 是节点属性矩阵。

这种方法还有另一个常见变体（尤其适用于处理图分类/表示学习），是针对目标距离进行训练的。其思路是同时嵌入两对图，以获得组合表示，然后训练模型，使该表示与距离匹配。在使用节点相似性函数处理节点分类/表示学习时，也可以采用类似的策略。

基于图卷积神经网络（Graph Convolutional Neural Network，GCN）的编码器是用于无监督学习的 GNN 最广泛的变体之一。GCN 是受 CNN 背后的许多基本思想启发的 GNN 模型。滤波器参数通常在图中的所有位置共享，并且有若干个层连接起来形成一个深度网络。

图数据的卷积操作主要有两种类型，即谱方法（Spectral Approach）和非谱方法（Non-Spectral Approach）。非谱方法也称为空间方法。

- 谱方法，顾名思义，基于图的谱表示，定义了谱域中的卷积（即以更简单的元素组合分解图）。
- 非谱方法（空间卷积）则是直接在图上定义卷积，对一组空间近邻节点进行操作，将卷积设计为聚合来自邻居的特征信息。

3.7.2　谱图卷积

谱方法与谱图理论有关，后者研究与特征多项式（Characteristic Polynomial）、特征值（Eigenvalues）和特征向量（Eigenvectors）相关的图特征。

谱图卷积运算被定义为信号（即节点特征）乘以卷积核。更确切地说，它是在傅里叶域中定义的，定义方法是确定图拉普拉斯算子的特征分解（Eigendecomposition of the Graph Laplacian）。它将图拉普拉斯算子视为以某种特殊方式归一化的邻接矩阵。

虽然谱卷积的这种定义具有很强的数学基础，但该操作的计算成本很高。出于这个原因，研究人员已经做了一些工作来以有效的方式近似它。例如，Defferrard 等人提出的 ChebNet 是谱图卷积方面的首批开创性工作之一。在该网络中，操作是通过使用 K 阶 Chebyshev 多项式（一种用于有效逼近函数的特殊多项式）的概念来逼近的。

在该网络中，K 是一个非常有用的参数，因为它决定了滤波器的局部性。直观地说，当 $K=1$ 时，只有节点特征被馈送到网络中；当 $K=2$ 时，则对两跳（Two-Hop）邻居（即邻居的邻居）进行平均，以此类推。

令 $X \in \mathbb{R}^{N \times d}$ 为节点特征矩阵。在经典神经网络处理中，该信号将由以下形式的层组成。

$$H^l = \sigma(XW)$$

在这里，$W \in \mathbb{R}^{N \times N}$ 是层权重，σ 代表一些非线性激活函数。

这种操作的缺点是它独立处理每个节点信号，而没有考虑节点之间的连接。为了克服该限制，可以进行简单（但有效）的修改，如下所示。

$$H^l = \sigma(AXW)$$

通过引入邻接矩阵 $A \in \mathbb{R}^{N \times N}$，在每个节点与其对应的邻居之间添加了一个新的线性组合。这样，信息仅取决于邻域，并且参数将同时应用于所有节点。

值得注意的是，该操作可以按顺序重复多次，从而创建一个深度网络。在每一层，节点描述符 X 将被前一层的输出 H^{l-1} 替换。

当然，上述公式有一些限制，不能按原样应用。第一个限制是通过乘以 A，我们考虑了节点的所有邻居，但没有考虑节点本身。这个问题可以通过在图中添加自循环轻松解决，即添加 $\hat{A} = A + I$ 单位矩阵。

第二个限制与邻接矩阵本身有关。由于它通常没有归一化，因此我们将在高度（High-Degree）节点的特征表示中观察到很大的值，而在低度（Low-Degree）节点的特征表示中观察到很小的值。这将在训练期间导致出现若干个问题，因为优化算法通常对特征的尺度很敏感。目前已经提出了若干种归一化 A 的方法。

例如，在 Kipf and Welling, 2017（著名的 GCN 模型之一）中，通过将 A 乘以对角节点度矩阵（Diagonal Node Degree Matrix）D 来执行归一化，使得所有行的总和为 $1:D^{-1}A$。更具体地说，就是使用了对称归一化（$D^{-\frac{1}{2}}AD^{-\frac{1}{2}}$），因此提出的传播规则如下。

$$H^l = \sigma\left(\hat{D}^{-\frac{1}{2}} \hat{A} \hat{D}^{-\frac{1}{2}} XW \right)$$

在这里，$\hat{D}$ 是 $\hat{A}$ 的对角节点度矩阵。

在下面的例子中，我们将创建一个在 Kipf and Welling 中定义的 GCN。我们将应用该传播规则来嵌入一个众所周知的网络：Zachary 的空手道俱乐部图。

💡 提示：

Zachary 的空手道俱乐部图是一个稍大的图，并且是图专家中著名的图之一。它是由芝加哥大学的老师 Wayne W. Zachary 收集的。他观察了 20 世纪 70 年代这所大学空手道俱乐部（Karate Club）成员之间的不同连接。

1970 年左右，在芝加哥大学的空手道俱乐部中，两名教练发生了冲突，导致该俱乐部被分成两个实体。当时，双方都试图吸引学生，每个教师与学生之间的互动都很重要。Zachary 用图的方式建模了这些交互，其中的每个节点都是一个学生，并且他们之间的边表明了在此期间他们是否有互动。因此，此图的最大优点是具有真实的信息：Zachary 记录了每个成员在俱乐部拆分之后所做的选择。

（1）导入所有 Python 模块。我们将使用 networkx 加载杠铃图。

```
import networkx as nx
```

```
import numpy as np
G = nx.barbell_graph(m1=10,m2=4)
```

（2）为了实现 GC 传播规则，需要一个表示 G 的邻接矩阵。由于该网络没有节点特征，因此可使用 $I \in \mathbb{R}^{N \times N}$ 单位矩阵作为节点描述符。

```
A = nx.to_numpy_matrix(G)
I = np.eye(G.number_of_nodes())
```

（3）现在添加自循环并准备对角节点度矩阵。

```
from scipy.linalg import sqrtm

A_hat = A + I
D_hat = np.array(np.sum(A_hat, axis=0))[0]
D_hat = np.array(np.diag(D_hat))
D_hat = np.linalg.inv(sqrtm(D_hat))
A_norm = D_hat @ A_hat @ D_hat
```

（4）我们的 GCN 将由两层组成。现在可以定义层的权重和传播规则。层权重 W 将使用 Glorot 均匀初始化（Glorot Uniform Initialization）进行初始化。当然，读者也可以使用其他初始化方法，例如，通过从高斯或均匀分布中采样。

```
def glorot_init(nin, nout):
    sd = np.sqrt(6.0 / (nin + nout))
    return np.random.uniform(-sd, sd, size=(nin, nout))
class GCNLayer():
  def __init__(self, n_inputs, n_outputs):
    self.n_inputs = n_inputs
    self.n_outputs = n_outputs
    self.W = glorot_init(self.n_outputs, self.n_inputs)
    self.activation = np.tanh
  def forward(self, A, X):
    self._X = (A @ X).T
    H = self.W @ self._X
    H = self.activation(H)
    return H.T # (n_outputs, N)
```

（5）创建网络并计算前向传递，即通过网络传播信号。

```
gcn1 = GCNLayer(G.number_of_nodes(), 8)
gcn2 = GCNLayer(8, 4)
gcn3 = GCNLayer(4, 2)
H1 = gcn1.forward(A_norm, I)
H2 = gcn2.forward(A_norm, H1)
```

```
H3 = gcn3.forward(A_norm, H2)
```

H3 现在包含使用 GCN 传播规则计算的嵌入。请注意，我们选择了 2 作为输出数量，这意味着嵌入是二维的并且可以轻松可视化。

图 3.20 显示了输出结果。

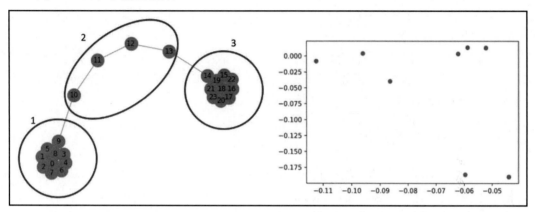

图 3.20　将图卷积层应用于图（左）以生成其节点的嵌入向量（右）

在图 3.20 中可以观察到两个完全分离的社区的存在。考虑到我们还没有训练网络，这是一个不错的结果。

谱图卷积方法在许多领域都取得了显著成果。当然，它们也存在一些缺点。例如，考虑一个具有数十亿个节点的非常大的图，谱方法需要同时处理图，而这从计算的角度来看就是不切实际的。

此外，谱卷积通常假设一个固定的图，导致对新的不同图的泛化能力很差。为了克服这些问题，空间图卷积提出了一种有趣的替代方法。

3.7.3　空间图卷积

空间图卷积网络（Spatial Graph Convolutional Network）通过聚合来自空间近邻的信息直接在图上执行操作。空间卷积有很多优点，例如，权重可以很容易地在图的不同位置共享，从而在不同的图上具有良好的泛化能力。此外，计算可以通过考虑节点的子集而不是整个图来完成，从而可能提高计算效率。

GraphSAGE 是实现空间卷积的算法之一。其主要特征之一是能够在各种类型的网络上进行扩展。我们可以将 GraphSAGE 视为由以下 3 个步骤组成。

（1）邻域采样：对于图中的每个节点，第一步是找到它的 k-邻域，其中 k 由用户定义，用于确定要考虑的跳数（邻居的邻居）。

（2）聚合：第二步是聚合，对于每个节点，描述各自邻域的节点特征。可以执行各种类型的聚合，包括平均、池化（例如，根据某些标准取最佳特征），或者更复杂的操作，例如使用循环单元（诸如 LSTM 之类）。

（3）预测：每个节点都配备了一个简单的神经网络，该网络将学习如何根据来自邻居的聚合特征进行预测。

GraphSAGE 经常用于有监督的设置，因此我们将在第 4 章"有监督图学习"中进行详细讨论。当然，通过采用诸如以相似性函数作为目标距离的策略，在无明确监督任务的情况下，GraphSAGE 也可以有效地学习嵌入。

3.7.4　实践中的图卷积

在实践中，图神经网络（Graph Neural Network，GNN）已在许多机器学习和深度学习框架中实现，包括 TensorFlow、Keras 和 PyTorch。在接下来的示例中，我们将使用 StellarGraph，这是一个用于图机器学习的 Python 库。

在以下示例中，我们将在没有目标变量的情况下以无监督的方式学习嵌入向量。该方法的灵感来自 Bai 等人于 2019 年发表的论文，并基于同时嵌入成对的图的方法。这种嵌入应该匹配图之间的真实距离。

（1）加载所需的 Python 模块。

```
import numpy as np
import stellargraph as sg
from stellargraph.mapper import FullBatchNodeGenerator
from stellargraph.layer import GCN

import tensorflow as tf
from tensorflow.keras import layers, optimizers, losses, metrics, Model
```

（2）本示例将使用 PROTEINS 数据集，它在 StellarGraph 中可用，由 1114 个图组成，每个图平均有 39 个节点和 73 条边。每个节点由 4 个属性描述并属于两个类之一。

```
dataset = sg.datasets.PROTEINS()
graphs, graph_labels = dataset.load()
```

（3）创建模型。它将由两个 GC 层组成，分别具有 64 和 32 个输出维度，然后使用 ReLU 激活函数。其输出将计算为两个嵌入的欧几里德距离。

```
generator = sg.mapper.PaddedGraphGenerator(graphs)

# 定义包含 2 个层的 GCN 模型
# 其大小分别为 64 和 32
# 然后使用 ReLU 激活函数
# 以在层之间添加非线性
gc_model = sg.layer.GCNSupervisedGraphClassification(
  [64, 32], ["relu", "relu"], generator, pool_all_layers=True)
# 检索 GC 层的输入和输出张量
# 使它们可以连接到下一层

inp1, out1 = gc_model.in_out_tensors()
inp2, out2 = gc_model.in_out_tensors()
vec_distance = tf.norm(out1 - out2, axis=1)

# 创建模型
# 可以创建一个成对的模型以轻松检索嵌入
pair_model = Model(inp1 + inp2, vec_distance)
 embedding_model = Model(inp1, out1)
```

（4）现在可以准备训练数据集。对于每对输入图，可分配一个相似性分数。请注意，在这种情况下可以使用任何图相似性的概念，包括图编辑距离。为简单起见，本示例将使用图的拉普拉斯算子谱之间的距离。

```
def graph_distance(graph1, graph2):
    spec1 = nx.laplacian_spectrum(graph1.to_networkx(feature_attr=None))
    spec2 = nx.laplacian_spectrum(graph2.to_networkx(feature_attr=None))
    k = min(len(spec1), len(spec2))
    return np.linalg.norm(spec1[:k] - spec2[:k])

graph_idx = np.random.RandomState(0).randint(len(graphs),size=(100, 2))
targets = [graph_distance(graphs[left], graphs[right])
for left, right in graph_idx]
train_gen = generator.flow(graph_idx, batch_size=10, targets=targets)
```

（5）现在还需要编译和训练模型。本示例将使用自适应矩（Adaptive Moment）估计优化器（Adam），并将学习率参数设置为 1e-2。损失函数则定义为预测与之前计算的真实距离之间的最小平方误差（Minimum Squared Error，MSE）。该模型将训练 500 个 Epoch。

```
pair_model.compile(optimizers.Adam(1e-2), loss="mse")
pair_model.fit(train_gen, epochs=500, verbose=0)
```

（6）训练之后，可以检查和可视化学习到的表示。由于输出是 32 维的，因此需要一种方法来定性评估嵌入，例如，将它们绘制在二维空间中。为此，可使用 T-SNE。

```
# 检索嵌入
embeddings = embedding_model.predict(generator.flow(graphs))
# TSNE用于降维
from sklearn.manifold import TSNE
tsne = TSNE(2)
two_d = tsne.fit_transform(embeddings)
```

现在可以绘制嵌入的图形。在绘图中，每个点（嵌入的图）将根据相应的标签（blue=0，red=1）着色。结果如图 3.21 所示。

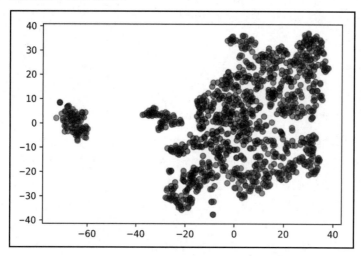

图 3.21　使用 GCN 获得的 PROTEINS 数据集嵌入结果

这只是图学习嵌入的可能方法之一。读者也可以尝试更高级的解决方案以更好地拟合感兴趣的问题。

3.8　小　　结

本章详细阐述了如何将无监督机器学习有效地应用于图以解决实际问题，例如节点和图的表示学习。

特别是，我们首先分析了浅层嵌入方法，这是一组能够学习并仅返回已学习的输入数据的嵌入值的算法，它包括矩阵分解和 Skip-Gram 模型等。

然后我们讨论了如何使用自动编码器算法，通过在低维空间中保留重要信息来对输入进行编码。我们还阐释了这个思路如何适用于图，通过学习嵌入，我们能够重建成对节点/图的相似性。

最后，本章还介绍了图神经网络（GNN）背后的主要概念。我们讨论了一些众所周知的概念（如卷积）如何应用于图。

第 4 章将在有监督的环境中再次讨论图学习的概念。在进行有监督学习时，将提供一个目标标签，目的是学习输入和输出之间的映射。

第 4 章　有监督图学习

监督学习（Supervised Learning，SL）也称为有监督学习，它很可能代表了大多数实际机器学习（Machine Learning，ML）任务。由于越来越活跃和有效的数据收集活动，如今处理标记数据集已非常普遍。

对于图数据来说也是如此，其中的标签可以分配给节点、社区，甚至整个结构。其任务就是学习输入和标签（也称为目标或注释）之间的映射函数。

例如，给定一个表示社交网络的图，我们可能会被要求猜测哪个用户（节点）将关闭他们的账户。可以通过在回顾性数据（Retrospective Data）上训练图机器学习来学习这种预测函数，其中的每个用户都将根据他们是否在几个月后关闭账户被标记为"忠实坚持用户"或"半途退出用户"。

本章将深入探讨监督学习的概念以及如何将其应用于图。因此，本章还将阐释主要的监督图嵌入方法。

本章包含以下主题。
- ❏ 有监督图嵌入算法的层次结构。
- ❏ 基于特征的方法。
- ❏ 浅层嵌入方法。
- ❏ 图正则化方法。
- ❏ 图卷积神经网络。

4.1　技术要求

本书所有练习都使用了包含 Python 3.8 的 Jupyter Notebook。以下代码片段显示了本章将使用 pip 安装的 Python 库列表。其使用方法为，在命令行中运行 pip install networkx==2.5 等。

```
Jupyter==1.0.0
networkx==2.5
matplotlib==3.2.2
node2vec==0.3.3
karateclub==1.0.19
```

```
scikit-learn==0.24.0
pandas==1.1.3
numpy==1.19.2
tensorflow==2.4.1
neural-structured-learning==1.3.1
stellargraph==1.2.1
```

在本书的其余部分，如果没有明确说明，将使用以下 Python 命令。

```
import networkx as nx
```

与本章相关的所有代码文件都可以在以下网址获得。

https://github.com/PacktPublishing/Graph-Machine-Learning/tree/main/Chapter04

4.2　有监督图嵌入算法的层次结构

在有监督学习中，训练集由一系列有序对(x, y)组成。其中，x 是一组输入特征（通常是在图上定义的信号），y 是分配给它的输出标签。因此，机器学习模型的目标是学习将每个 x 值映射到每个 y 值的函数。

常见的有监督学习任务包括预测大型社交网络中的用户属性或预测分子的属性，其中每个分子都是一个图。

当然，有时并非所有实例都可以提供标签。在这种情况下，典型的数据集将由一个很小的标记实例集合和一个很大的未标记实例集合组成。这就好比考试之前老师仅讲解一小部分题目，剩余的大部分题目都将由学生自己完成。

针对这种情况，研究人员提出了半监督学习（Semi-SL，SSL），该算法旨在利用可获得的标签信息来学习未标记样本的预测函数。

目前，研究人员已经开发了许多与无监督图机器学习技术相关的算法。这些算法可以分为 4 组：基于特征（Feature-Based）的方法、浅层嵌入（Shallow Embedding）方法、正则化（Regularization）方法和图神经网络（Graph Neural Network，GNN）。层次结构如图 4.1 所示。

有关该分类的详细信息，可参考以下论文。

https://arxiv.org/abs/2005.03675

接下来，我们将详细介绍每组算法背后的主要原理，并尝试深入了解该领域最知名的算法，以及如何利用这些算法解决现实世界的问题。

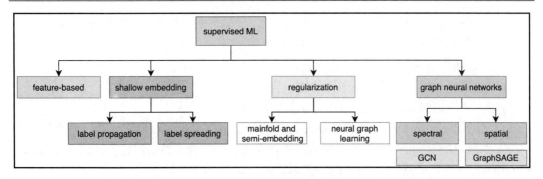

图 4.1　本书中描述的有监督嵌入算法的层次结构

原　　文	译　　文
supervised ML	有监督机器学习
feature-based	基于特征
shallow embedding	浅层嵌入
label propagation	标签传播
label spreading	标签扩展
regularization	正则化
mainfold and semi-embedding	流形和半嵌入
neural graph learning	神经图学习
graph neural networks	图神经网络
spectral	谱方法
spatial	空间图卷积

4.3　基于特征的方法

　　在图上应用机器学习的一种非常简单（但功能强大）的方法是将编码函数视为简单的嵌入查找。在处理有监督的任务时，一种简单的方法是利用图属性。在第 1 章"图的基础知识"中，我们已经介绍了如何通过结构属性来描述图（或图中的节点），每个属性都可以视为来自图本身的重要信息的"编码"。

　　在经典的有监督机器学习中，任务是找到一个函数，将实例的一组（描述性）特征映射到特定输出。此类特征应经过精心设计，以便具有足够的代表性来学习该概念。举例来说，花瓣的数量和萼片长度可以是一朵花的很好的描述子（Descriptor），因为这些特征足以将不同的花朵区别开来。

将上述概念应用到图上，在描述一个图时，我们可能会依赖它的平均度（Degree）、全局效率（Global Efficiency）和特征路径长度等。

这种方法可分为两个步骤，概述如下。

（1）选择一组良好的描述性图属性。

（2）使用这些属性作为传统机器学习算法的输入。

遗憾的是，"良好的描述性图属性"并没有通用的定义，它们的选择严格来说完全取决于要解决的具体问题。当然，仍然可以计算各种图属性，然后执行特征选择（Feature Selection）以选择信息量最大的那些特征。

特征选择是机器学习中一个广泛研究的主题，但对于其选择方法的讨论超出了本书的范围。感兴趣的读者可以参考 Packt Publishing 出版的 *Machine Learning Algorithms–Second Edition*（《机器学习算法：第 2 版》）一书，其网址如下。

https://subscription.packtpub.com/book/big_data_and_business_intelligence/9781789347999

现在来看一个应用这种基本方法的实际示例。我们将使用 PROTEINS 数据集执行有监督图分类任务。PROTEINS 数据集包含若干个表示蛋白质结构的图。每个图都被标记，定义该蛋白质是否酶。操作步骤如下。

（1）通过 stellargraph Python 库加载数据集，示例代码如下。

```
from stellargraph import datasets
from IPython.display import display, HTML
dataset = datasets.PROTEINS()
graphs, graph_labels = dataset.load()
```

（2）对于计算图属性，可使用 networkx，如第 1 章 "图的基础知识" 所述。为此，需要将图从 stellargraph 格式转换为 networkx 格式。这可以分两步完成。

① 将图从 stellargraph 格式转换为 numpy 邻接矩阵。

② 使用邻接矩阵检索 networkx 格式。

此外，还可以将标签（存储为 Pandas Series）转换为 numpy 数组，因为 numpy 数组可以更好地被评估函数利用。

相关代码如下。

```
# 从 stellargraph 格式转换为 numpy 邻接矩阵
adjs = [graph.to_adjacency_matrix().A for graph in graphs]
# 将标签从 Pandas.Series 转换为 numpy 数组
labels = graph_labels.to_numpy(dtype=int)
```

（3）每个图都可以通过计算全局指标来描述。对于此示例，可选择边数、平均聚类系数和全局效率。当然，我们建议读者计算可能会发现值得探索的其他几个属性。可以使用 networkx 提取图的度量指标，如下所示。

```
import numpy as np
import networkx as nx
metrics = []
for adj in adjs:
  G = nx.from_numpy_matrix(adj)
  # 基础属性
  num_edges = G.number_of_edges()
  # 聚类度量
  cc = nx.average_clustering(G)
  # 效率度量
  eff = nx.global_efficiency(G)
  metrics.append([num_edges, cc, eff])
```

（4）利用 scikit-learn 实用程序来创建训练集和测试集。本示例将使用 70%的数据集作为训练集，其余的则作为测试集。

可以使用 scikit-learn 提供的 train_test_split 函数来做到这一点，如下所示。

```
from sklearn.model_selection import train_test_split
X_train, X_test, y_train, y_test = train_test_
split(metrics, labels, test_size=0.3, random_state=42)
```

（5）训练合适的机器学习算法。我们将为此任务选择支持向量机（Support Vector Machine，SVM）。更准确地说，SVM 被训练以最小化预测标签和实际标签（基本事实）之间的差异。

可以使用 scikit-learn 的 SVC 模块来做到这一点，如下所示。

```
from sklearn import svm
from sklearn.metrics import accuracy_score, precision_score,
recall_score, f1_score
clf = svm.SVC()
clf.fit(X_train, y_train)
y_pred = clf.predict(X_test)
print('Accuracy', accuracy_score(y_test,y_pred))
print('Precision', precision_score(y_test,y_pred))
print('Recall', recall_score(y_test,y_pred))
print('F1-score', f1_score(y_test,y_pred))
```

上述代码的输出如下。

```
Accuracy 0.7455
```

```
Precision 0.7709
Recall 0.8413
F1-score 0.8045
```

我们使用了准确率（Accuracy）、精确度（Precision）、召回率（Recall）和 F1 分数（F1-score）来评估算法在测试集上的表现。可以看到，本示例的 F1 分数达到了大约 80%，这对于这样一个简单的任务来说已经相当不错了。

4.4　浅层嵌入方法

正如第 3 章 "无监督图学习" 所述，浅层嵌入方法是图嵌入方法的一个子集，它只为有限的输入数据集学习节点、边或图的表示。它们不能应用于与用于训练模型的实例不同的其他实例。在开始讨论之前，定义有监督和无监督浅层嵌入算法的区别很重要。

无监督和有监督嵌入方法之间的主要区别在于它们试图解决的任务。实际上，无监督浅层嵌入算法将尝试学习良好的图、节点或边的表示以构建定义明确的聚类，而有监督浅层嵌入算法则会尝试为节点、标签或图分类等预测任务找到最佳解决方案。

本节将详细解释一些有监督的浅层嵌入算法。此外，我们将通过若干个如何在 Python 中使用这些算法的示例来丰富讲解。对于本节描述的所有算法，还将使用 scikit-learn 库中可用的基类展示一个自定义实现。

4.4.1　标签传播算法

标签传播（Label Propagation）算法是众所周知的半监督算法，广泛应用于数据科学，用于解决节点分类任务。更准确地说，该算法可将给定节点的标签传播到其邻居或从该节点到达的概率很高的节点。

这种方法背后的一般思想非常简单：给定一个图，它包含一组已标记节点和未标记节点，已标记节点可将它们的标签传播到具有最高到达概率的节点。

在图 4.2 中，可以看到包含已标记和未标记节点的图示例。

根据图 4.2，使用已标记节点（节点 0 和 6）的信息，算法将计算移动到另一个未标记节点的概率。在已标记节点中，具有最高概率的节点将获得该节点的标签。

形式上，令 $G = (V, E)$ 是一个图，令 $Y = \{y_1, \dots, y_p\}$ 是一个标签的集合。由于该算法是半监督的，因此只有一部分节点具有分配的标签。

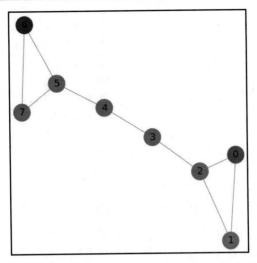

图 4.2　包含两个已标记节点（红色的类 0 和绿色的类 1）和 6 个未标记节点的图示例

此外，令 $A \in \mathbb{R}^{|V| \times |V|}$ 是输入图 G 的邻接矩阵，$D \in \mathbb{R}^{|V| \times |V|}$ 是对角度矩阵（Diagonal Degree Matrix），其中每个元素 $d_{ij} \in D$ 定义如下。

$$d_{ij} = \begin{cases} 0, i \neq j \\ \deg(v_i), i = j \end{cases}$$

换句话说，度矩阵的唯一非零元素是对角线元素，其值由行表示的节点的度给出。在图 4.3 中，可以看到图 4.2 所示图的对角度矩阵。

$$D = \begin{bmatrix} 2 & 0 & 0 & 0 & 0 & 0 & 0 & 0 \\ 0 & 2 & 0 & 0 & 0 & 0 & 0 & 0 \\ 0 & 0 & 3 & 0 & 0 & 0 & 0 & 0 \\ 0 & 0 & 0 & 2 & 0 & 0 & 0 & 0 \\ 0 & 0 & 0 & 0 & 2 & 0 & 0 & 0 \\ 0 & 0 & 0 & 0 & 0 & 3 & 0 & 0 \\ 0 & 0 & 0 & 0 & 0 & 0 & 2 & 0 \\ 0 & 0 & 0 & 0 & 0 & 0 & 0 & 2 \end{bmatrix}$$

图 4.3　图 4.2 所示图的对角度矩阵

从图 4.3 可以看出，该矩阵仅有对角线元素包含非零值，而这些值代表特定节点的度。

这里还需要介绍一下转移矩阵（Transition Matrix）——$L = D^{-1}A$。该矩阵定义了从一个节点到达另一个节点的概率。更准确地说，$l_{ij} \in L$ 是从节点 v_i 到达节点 v_j 的概率。图 4.4 显示了图 4.2 所示图的转移矩阵 L。

$$L = \begin{bmatrix} 0 & 0.5 & 0.5 & 0 & 0 & 0 & 0 & 0 \\ 0.5 & 0 & 0.5 & 0 & 0 & 0 & 0 & 0 \\ 0.33 & 0.33 & 0 & 0.33 & 0 & 0 & 0 & 0 \\ 0 & 0 & 0.5 & 0 & 0.5 & 0 & 0 & 0 \\ 0 & 0 & 0 & 0.5 & 0 & 0.5 & 0 & 0 \\ 0 & 0 & 0 & 0 & 0.33 & 0 & 0.33 & 0.33 \\ 0 & 0 & 0 & 0 & 0 & 0.5 & 0 & 0.5 \\ 0 & 0 & 0 & 0 & 0 & 0.5 & 0.5 & 0 \end{bmatrix}$$

图 4.4　图 4.2 所示图的转移矩阵

在图 4.4 中，L 矩阵显示了在给定起始节点的情况下到达结束节点的概率。例如，从矩阵的第一行可以看到从节点 0 出发，以相同的概率 0.5 到达节点 1 和 2。如果使用 Y^0 定义初始标签分配，则使用 L 矩阵获得的每个节点的标签分配概率可以计算为 $Y^1 = LY^0$。

为图 4.2 所示图计算的 Y^1 矩阵如图 4.5 所示。

$$Y^1 = \begin{bmatrix} 0 & 0.5 & 0.5 & 0 & 0 & 0 & 0 & 0 \\ 0.5 & 0 & 0.5 & 0 & 0 & 0 & 0 & 0 \\ 0.33 & 0.33 & 0 & 0.33 & 0 & 0 & 0 & 0 \\ 0 & 0 & 0.5 & 0 & 0.5 & 0 & 0 & 0 \\ 0 & 0 & 0 & 0.5 & 0 & 0.5 & 0 & 0 \\ 0 & 0 & 0 & 0 & 0.33 & 0 & 0.33 & 0.33 \\ 0 & 0 & 0 & 0 & 0 & 0.5 & 0 & 0.5 \\ 0 & 0 & 0 & 0 & 0 & 0.5 & 0.5 & 0 \end{bmatrix} * \begin{bmatrix} 1 & 0 \\ 0 & 0 \\ 0 & 0 \\ 0 & 0 \\ 0 & 0 \\ 0 & 0 \\ 0 & 1 \\ 0 & 0 \end{bmatrix} = \begin{bmatrix} 0 & 0 \\ 0.5 & 0 \\ 0.33 & 0 \\ 0 & 0 \\ 0 & 0 \\ 0 & 0.33 \\ 0 & 0 \\ 0 & 0.5 \end{bmatrix}$$

图 4.5　使用图 4.2 所示图的矩阵获得的解决方案

从图 4.5 中可以看出，使用转移矩阵，节点 1 和节点 2 被分配到[1 0]标签的概率分别为 0.5 和 0.33，而节点 5 和节点 7 被分配到[0 1]标签的概率分别为 0.33 和 0.5。

此外，如果更细致地分析图 4.5，可以看到两个主要问题，如下所示。

❑　使用此解决方案，可以仅将与标签关联的概率分配给节点[1 2]和[5 7]。

❑　节点 0 和 6 的初始标签与 Y^0 中定义的不同。

为了解决第一个问题，算法会进行 n 次不同的迭代；在每次迭代 t 中，算法将计算该迭代的解，具体如下所示。

$$Y^t = LY^{t-1}$$

当满足某个条件时，算法停止迭代。

要解决第二个问题，可以由标签传播算法在给定迭代 t 的解中给已标记的节点强加初始类值。例如，在计算获得如图 4.5 所示结果后，算法将强制结果矩阵的第一行为[1 0]，矩阵的第 7 行为[0 1]。

在这里，我们提出了 scikit-learn 库中可用的 LabelPropagation 类的修改版本。这种选择背后的主要原因是 LabelPropagation 类将表示数据集的矩阵作为输入。矩阵的每一行代表一个样本，每一列代表一个特征。

在执行 fit 操作之前，LabelPropagation 类在内部执行_build_graph 函数。此函数将使用参数化内核构建描述输入数据集的图——在_get_kernel 函数内部可使用 k-最近邻（kNN）和径向基函数。结果就是，原始数据集被转换为一个图（以其邻接矩阵表示），其中每个节点是一个样本（输入数据集的一行），每条边是样本之间的交互。

在我们的特定示例中，输入数据集已经是一个图，因此需要定义一个新的类，该类能够处理 networkx 图并在原始图上执行计算操作。该目标是通过扩展 ClassifierMixin、BaseEstimator 和 ABCMeta 基类来创建一个新类（即 GraphLabelPropagation）实现的。

这里提出的算法主要是为了帮助读者理解算法背后的概念。整个算法在本书 GitHub 存储库的 04_supervised_graph_machine_learning/02_Shallow_embeddings.ipynb Notebook 中提供。为了描述该算法，我们将仅使用 fit(X, y)函数作为参考。

该代码如下。

```python
class GraphLabelPropagation(ClassifierMixin, BaseEstimator,
metaclass=ABCMeta):

    def fit(self, X, y):
        X, y = self._validate_data(X, y)
        self.X_ = X
        check_classification_targets(y)
        D = [X.degree(n) for n in X.nodes()]
        D = np.diag(D)

        # 标签构造
        # 构造一个仅用于分类的分布
        unlabeled_index = np.where(y==-1)[0]
        labeled_index = np.where(y!=-1)[0]
        unique_classes = np.unique(y[labeled_index])

        self.classes_ = unique_classes
        Y0 = np.array([self.build_label(y[x], len(unique_
classes)) if x in labeled_index else np.zeros(len(unique_
classes)) for x in range(len(y))])
```

```
A = inv(D)*nx.to_numpy_matrix(G)
Y_prev = Y0
it = 0
c_tool = 10

while it < self.max_iter & c_tool > self.tol:
    Y = A*Y_prev
    # 强制标记节点
    Y[labeled_index] = Y0[labeled_index]
    it +=1
    c_tol = np.sum(np.abs(Y-Y_prev))
    Y_prev = Y

self.label_distributions_ = Y
return self
```

fit(X,y)函数可将 networkx 图 X 和表示分配给每个节点的标签的数组 y 作为输入。没有标签的节点应该有一个代表性值-1。

while 循环执行真正的计算。更准确地说，它将在每次迭代时计算 y^t 值，并强制解中的已标记节点等于它们的原始输入值。

该算法将循环执行计算，直到满足两个停止条件。在该实现中，使用了以下两个条件。

❑ 迭代次数：该算法将运行计算，直到执行了给定的迭代次数。

❑ 解的容差误差：该算法将运行计算，直到在两次连续迭代（y^{t-1} 和 y^t）中获得的解的绝对差小于给定的阈值。

可使用以下代码将该算法应用于图 4.2 中的示例图。

```
glp = GraphLabelPropagation()
y = np.array([-1 for x in range(len(G.nodes()))])
y[0] = 0
y[6] = 1
glp.fit(G,y)
 glp.predict_proba(G)
```

该算法得到的结果如图 4.6 所示。

在图 4.6 中，可以看到应用于图 4.2 中示例的算法的结果。从最终的概率分配矩阵中可以看到，由于算法的约束，初始已标记节点的概率为 1，而"靠近"已标记节点的节点则由此获得它们的标签。

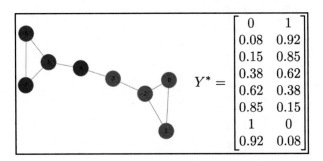

$$Y^* = \begin{bmatrix} 0 & 1 \\ 0.08 & 0.92 \\ 0.15 & 0.85 \\ 0.38 & 0.62 \\ 0.62 & 0.38 \\ 0.85 & 0.15 \\ 1 & 0 \\ 0.92 & 0.08 \end{bmatrix}$$

　　　　最终标记图　　　　　　　　最终的概率分配矩阵

图 4.6　在图 4.2 所示图上执行标签传播算法的结果

4.4.2　标签扩展算法

　　标签扩展（Label Spreading）算法是另一种半监督浅层嵌入算法。它的构建是为了克服标签传播算法的一大限制：初始化标记（Initial Labeling）。

　　事实上，根据标签传播算法的原理，初始标签不能在训练过程中修改，并且在每次迭代中都被迫等于它们的原始值。当初始标签受错误或噪声影响时，此约束可能会生成不正确的结果。因此，错误将在输入图的所有节点中传播。

　　为了解决这个问题，标签扩展算法试图放宽原始标签数据的约束，允许标签输入节点在训练过程中改变它们的标签。

　　形式上，令 $G = (V, E)$ 是一个图，令 $Y = \{y_1, \dots, y_p\}$ 是一个标签的集合。由于该算法是半监督的，因此只有一部分节点具有分配的标签。

　　此外，令 $A \in \mathbb{R}^{|V| \times |V|}$ 是输入图 G 的邻接矩阵，$D \in \mathbb{R}^{|V| \times |V|}$ 是对角度矩阵（Diagonal Degree Matrix），标签扩展算法不计算概率转移矩阵，而是使用归一化的图拉普拉斯矩阵（Laplacian Matrix），其定义如下。

$$\mathcal{L} = D^{-1/2} A D^{-1/2}$$

　　与标签传播算法一样，该矩阵可以看作整个图中定义的连接的一种紧致的低维表示。可以使用 networkx 和以下代码轻松计算此矩阵。

```
from scipy.linalg import fractional_matrix_power
D_inv = fractional_matrix_power(D, -0.5)
L = D_inv*nx.to_numpy_matrix(G)*D_inv
```

　　其结果如图 4.7 所示。

$$\mathcal{L} = \begin{bmatrix} 0 & 0.5 & 0.40824829 & 0 & 0 & 0 & 0 & 0 \\ 0.5 & 0 & 0.40824829 & 0 & 0 & 0 & 0 & 0 \\ 0.40824829 & 0.40824829 & 0 & 0.40824829 & 0 & 0 & 0 & 0 \\ 0 & 0 & 0.40824829 & 0 & 0.5 & 0 & 0 & 0 \\ 0 & 0 & 0 & 0.5 & 0 & 0.40824829 & 0 & 0 \\ 0 & 0 & 0 & 0 & 0.40824829 & 0 & 0.40824829 & 0.40824829 \\ 0 & 0 & 0 & 0 & 0 & 0.40824829 & 0 & 0.5 \\ 0 & 0 & 0 & 0 & 0 & 0.40824829 & 0.5 & 0 \end{bmatrix}$$

图 4.7　归一化的图拉普拉斯矩阵

标签扩展算法和标签传播算法最重要的区别与用于提取标签的函数有关。如果使用 Y^0 定义初始标签分配，则使用归一化的图拉普拉斯矩阵获得的每个节点的标签分配概率可以计算如下。

$$Y^1 = \alpha \mathcal{L} Y^0 + (1-\alpha)Y^0$$

与标签传播算法一样，标签扩展算法也有一个迭代过程来计算最终的解。该算法将执行 n 次不同的迭代；在每次迭代 t 中，算法将计算该次迭代的解，具体如下所示。

$$Y^t = \alpha \mathcal{L} Y^{t-1} + (1-\alpha)Y^0$$

当满足某个条件时，算法停止迭代。重要的是，要在公式的 $(1-\alpha)Y^0$ 项下画线。事实上，正如前文所述，标签传播并不强制解的已标记元素等于其原始值。相反，该算法每次迭代都使用正则化参数 $\alpha \in [0,1)$ 来给原始解的影响加权。这允许我们明确地强加原始解的"质量"及其对最终解的影响。

与标签传播算法一样，我们在以下代码片段中提出了 scikit-learn 库中可用的 LabelSpreading 类的修改版本，修改的动机和 4.4.1 节"标签传播算法"中介绍的原因是一样的，我们将通过扩展 GraphLabelPropagation 类来提出 GraphLabelSpreading 类，因为唯一的区别在于该类的 fit()方法。整个算法在本书 GitHub 存储库的 04_supervised_graph_machine_learning/02_Shallow_embeddings.ipynb Notebook 中提供。

```
class GraphLabelSpreading(GraphLabelPropagation):

    def fit(self, X, y):
        X, y = self._validate_data(X, y)
        self.X_ = X
        check_classification_targets(y)
        D = [X.degree(n) for n in X.nodes()]
        D = np.diag(D)
        D_inv = np.matrix(fractional_matrix_power(D,-0.5))
        L = D_inv*nx.to_numpy_matrix(G)*D_inv
```

```
# 标签构造
# 构造一个仅用于分类的分布
labeled_index = np.where(y!=-1)[0]
unique_classes = np.unique(y[labeled_index])
self.classes_ = unique_classes

Y0 = np.array([self.build_label(y[x], len(unique_
classes)) if x in labeled_index else np.zeros(len(unique_
classes)) for x in range(len(y))])

Y_prev = Y0
it = 0
c_tool = 10
while it < self.max_iter & c_tool > self.tol:
    Y = (self.alpha*(L*Y_prev))+((1-self.alpha)*Y0)
    it +=1
    c_tol = np.sum(np.abs(Y-Y_prev))
    Y_prev = Y
self.label_distributions_ = Y
return self
```

在该类中，fit 函数同样是焦点。该函数可将 networkx 图 X 和表示分配给每个节点的标签的数组 y 作为输入。没有标签的节点应该有一个代表值-1。

while 循环将计算每次迭代时的 Y^t 值，通过参数 α 对初始标记的影响进行加权。此外，对于该算法，迭代次数和两个连续解之间的差值将用作循环停止的标准。

可使用以下代码将该算法应用于图 4.2 中的示例图。

```
gls = GraphLabelSpreading()
y = np.array([-1 for x in range(len(G.nodes()))])
y[0] = 0
y[6] = 1
gls.fit(G,y)
 gls.predict_proba(G)
```

图 4.8 显示了该算法得到的结果。

可以看到，图 4.8 中显示的结果与使用标签传播算法时获得的结果相似。主要区别在于标签分配的概率不一样。实际上，在这种情况下，可以看到节点 0 和 6（具有初始标签的节点）的概率为 0.5，这与使用标签传播算法获得的概率 1 相比显著降低。这种结果是意料之中的，因为初始标签分配的影响由正则化参数 α 加权。

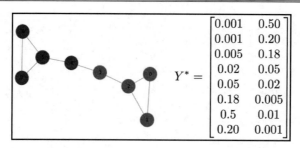

最终的标记图　　　　　　　最终的概率分配矩阵

图 4.8　图 4.2 中的示例在应用标签传播算法之后的结果

接下来,我们将继续描述有监督的图嵌入方法。我们将介绍基于网络的信息如何帮助正则化训练并创建更强大的模型。

4.5　图正则化方法

4.4 节中讨论的浅层嵌入方法展示了如何编码和利用数据点之间的拓扑信息和关系,以构建更强大的分类器并解决半监督任务。一般而言,网络信息在约束模型和强制相邻节点内的输出平滑方面非常有用。如前文所述,当传播关于邻居未标记节点的信息时,这个想法可以有效地用于半监督任务。这也可用于正则化学习阶段,以创建更稳定可靠的模型(这些模型倾向于更好地泛化到未见过的示例)。当我们添加额外的正则化项时,之前讨论的标签传播算法和标签扩展算法都可以实现为要最小化的成本函数。通常而言,在有监督的任务中,可以将要最小化的成本函数写成如下形式。

$$\mathcal{L}(x) = \sum_{i \in L} \mathcal{L}_S(y_i, f(x_i)) + \sum_{i,j \in L, U} \mathcal{L}_g(f(x_i), f(x_j), G)$$

其中,L 和 U 分别代表已标记(Labeled)和未标记(Unlabeled)的样本,第二项作为依赖于图 G 的拓扑信息的正则化项。

本节将进一步阐述这样的想法,并了解它如何变得非常强大,尤其是在对神经网络的训练进行正则化时。正如读者可能知道的那样,这自然倾向于过拟合和/或需要使用大量数据进行有效训练。

4.5.1　流形正则化和半监督嵌入

流形正则化(Mainfold Regularization)是由 Belkin 等于 2006 年提出的,它通过参数化复制内核希尔伯特空间(Reproducing Kernel Hilbert Space,RKHS)中的模型函数并使

用均方误差（Mean Squared Error，MSE）作为监督损失函数或合页损失（Hinge Loss）函数来扩展标签传播框架。

换句话说，在训练支持向量机（Support Vector Machine，SVM）或最小二乘拟合（Least Squares Fit）时，它们将应用基于拉普拉斯矩阵 L 的图正则化项，具体如下所示。

$$\sum_{i,j \in L,U} W_{ij} \left\| f(x_i) - f(x_j) \right\|_2^2 = \overline{f} L \overline{f}$$

出于这个原因，这些方法通常被标记为拉普拉斯正则化（Laplacian Regularization），这样的公式将导致拉普拉斯正则化最小二乘法（Laplacian Regularized Least Squares，LapRLS）和 LapSVM 分类。标签传播和标签扩展算法可以看作流形正则化的特例。此外，这些算法也可用于将无标记数据（公式中的第一项消失）归约到拉普拉斯特征图（Laplacian Eigenmaps）的情况。它们也可以用于完全标记数据集的情况。在这种情况下，上面的项目会限制训练阶段以正则化训练并实现更稳定可靠的模型。

此外，作为 RKHS 中参数化的分类器，该模型可以用于未观察到的样本，并且不需要测试样本属于输入图。从这个意义上说，它是一个归纳（Inductive）模型。

流形学习（Mainfold Learning）仍然代表一种浅层学习，其中参数化函数不利用任何形式的中间嵌入。

半监督嵌入（Semi-Supervised Embedding）由 Weston 等于 2012 年提出，它可以通过在神经网络的中间层上施加约束和函数的平滑性，将图正则化的概念扩展到更深的架构。

假设 g_{h_k} 是第 k 个隐藏层的中间输出。半监督嵌入框架中提出的正则化项如下所示。

$$\mathcal{L}_G^{h_k} = \sum_{i,j \in L,U} \mathcal{L}(W_{ij}, g_{h_k}(x_i), g_{h_k}(x_i))$$

根据施加正则化的位置，可以实现 3 种不同的配置，如图 4.9 所示。

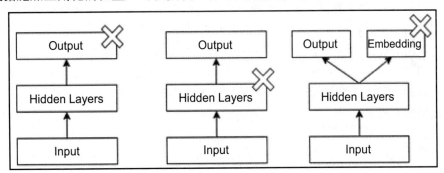

注：带叉号的图正则化可以应用于输出（左）、中间层（中）或辅助网络（右）。

图 4.9　半监督嵌入正则化配置

原　　文	译　　文
Output	输出
Hidden Layers	隐藏层
Input	输入
Embedding	嵌入

图 4.9 显示了可以使用半监督嵌入框架实现的 3 种不同配置的图解，对它们的具体解释如下。

❑　正则化应用于网络的最终输出。这对应于流形学习技术对多层神经网络的推广。

❑　正则化应用于网络的中间层，从而正则化嵌入表示。

❑　正则化应用于共享前 k–1 层的辅助网络。这基本上对应于训练一个无监督的嵌入网络，同时训练一个有监督的网络。该技术基本上对受无监督网络约束的前 k–1 层强加了派生的正则化，同时促进了网络节点的嵌入。

在其原始公式中，用于嵌入的损失函数是源自 Siamese 网络公式的损失函数，具体如下所示。

$$L\left(W_{ij}, g_{h_k}^{(i)}, g_{h_k}^{(j)}\right) = \begin{cases} \left\| g_{h_k}^{(i)} - g_{h_k}^{(j)} \right\|^2, W_{ij} = 1 \\ \max\left(0, m - \left\| g_{h_k}^{(i)} - g_{h_k}^{(j)} \right\|^2\right), W_{ij} = 0 \end{cases}$$

从该公式可以看出，损失函数将确保相邻节点的嵌入保持靠近。而非邻居则被拉开到（至少）由阈值 m 指定的距离。

与基于拉普拉斯算子 $\overline{f} L \overline{f}$ 的正则化（尽管对于相邻点，惩罚因子被有效地恢复）相比，这里显示的正则化通常更容易通过梯度下降进行优化。

图 4.9 显示的 3 种配置中的最佳选择在很大程度上受到用户可以使用的数据以及用户的特定用例的影响。也就是说，用户是否需要正则化模型输出或学习高级数据表示。

但是，用户应该始终牢记，当使用 Softmax 层（通常在输出层完成）时，基于合页损失的正则化可能不太适合或不适用于对数概率。在这种情况下，应该在中间层引入正则化嵌入和相对损失。请注意，位于更深层的嵌入通常更难训练，并且需要仔细调整学习率和使用的间隔。

4.5.2　神经图学习

神经图学习（Neural Graph Learning，NGL）基本上泛化了之前的公式，并且正如我们将看到的，可以将图正则化无缝应用于任何形式的神经网络，包括卷积神经网络（CNN）

和循环神经网络（Recurrent Neural Network，RNN）。特别是存在一个名为神经结构化学习（Neural Structured Learning，NSL）的极其强大的框架，它允许我们用很少的代码行扩展在 TensorFlow 中使用图正则化实现的神经网络。该网络可以是任何类型的，例如天然的或合成的。

使用合成网络时，可以按不同的方式生成图，例如，使用以无监督方式学习的嵌入和/或使用样本之间的相似性/距离度量及其特征。

还可以使用对抗性示例生成合成图。对抗样本是通过扰乱实际（真实）样本而获得的人工生成样本，其方式是混淆网络，试图强制预测错误。

这些精心设计的样本（通过在梯度下降方向扰动给定样本以最大化误差而获得）可以连接到它们的相关样本，从而生成图。然后可以使用这些连接来训练网络的图正则化版本，从而使我们能够获得相对于对抗生成的示例来说更加稳定可靠的模型。

神经图学习（NGL）可通过增加神经网络中图正则化的调整参数来扩展正则化，分别使用 3 个参数，即 α_1、α_2 和 α_3 分解已标记-已标记、已标记-未标记和未标记-未标记关系的贡献，具体如下所示。

$$\mathcal{L} = \mathcal{L}_s + \alpha_1 \sum_{i,j \in LL} W_{ij} d\left(g_{h_k}^{(i)}, g_{h_k}^{(j)}\right) + \alpha_2 \sum_{i,j \in LU} W_{ij} d\left(g_{h_k}^{(i)}, g_{h_k}^{(j)}\right) + \alpha_3 \sum_{i,j \in UU} W_{ij} d\left(g_{h_k}^{(i)}, g_{h_k}^{(j)}\right)$$

在该函数中，d 表示两个向量之间的一般距离，如 L2 范数$\|\cdot\|_2$。通过改变系数和 g_{h_k} 的定义，我们可以实现之前表现受限的不同算法，如下所示。

❑ 当 $\alpha_i = 0 \, \forall \, i$ 时，实现的是神经网络的非正则化版本。

❑ 仅当 $\alpha_1 \neq 0$ 时，实际上是恢复了一个完全有监督的公式，其中节点之间的关系可用于正则化训练。

❑ 当使用一组值 y_i^*（将被学习）替换 g_{h_k}（由一组 alpha 系数参数化）时，y_i^* 可将每个样本映射到其实例类，这实际上是恢复到标签传播公式。

粗略地说，NGL 公式可以被看作标签传播算法和标签扩展算法的非线性版本，或者作为一种图正则化神经网络的形式，可以获得流形学习或半监督嵌入。

现在，让我们将 NGL 应用到一个实际示例中，以此来学习如何在神经网络中使用图正则化。为此，可使用 NLS 框架，这是一个构建在 TensorFlow 之上的库，它仅用几行代码就可以在标准神经网络之上实现图正则化。有关 NLS 框架的详细信息，可访问以下网址。

https://github.com/tensorflow/neural-structured-learning

在本示例中，我们将使用 Cora 数据集，这是一个有标记的数据集，由 2708 篇计算机科学领域的科学论文组成，这些论文被分为 7 类。每篇论文代表一个节点，一个节点可以通过引用链接到其他节点。网络中总共有 5429 个链接。

此外，每个节点由一个 1433 长度的二进制值（0 或 1）向量进一步描述，这些向量是论文的二分词袋（Bag-Of-Words，BOW）表示，它是一种独热编码（One-Hot Encoding）算法，指示在由 1433 个术语组成的给定词汇表中是否存在某个词。

Cora 数据集可以直接从 stellargraph 库下载，其代码如下。

```
from stellargraph import datasets
dataset = datasets.Cora()
dataset.download()
G, labels = dataset.load()
```

这将返回两个输出，概述如下。

❑　G：包含网络节点、边和描述词袋（BOW）表示特征的引文网络。

❑　labels：一个 Pandas Series，提供论文 ID 和其中一个类之间的映射，如下所示。

```
['Neural_Networks', 'Rule_Learning', 'Reinforcement_Learning',
'Probabilistic_Methods', 'Theory', 'Genetic_Algorithms','Case_Based']
```

从这些信息开始，我们创建了一个训练集和一个验证集。在训练样本中，将包括与邻居相关的信息（可能属于也可能不属于训练集，因此有一个标签），这将用于正则化训练。验证样本将没有邻居信息，预测标签将仅取决于节点特征，即词袋（BOW）表示。因此，我们将利用已标记和未标记的样本（半监督任务）来生成一个归纳模型，该模型也可用于未观察到的样本。

首先，可以方便地将节点的特征构造为 Pandas DataFrame，而将图存储为邻接矩阵，如下所示。

```
adjMatrix = pd.DataFrame.sparse.from_spmatrix(
        G.to_adjacency_matrix(),
        index=G.nodes(), columns=G.nodes()
)
features = pd.DataFrame(G.node_features(), index=G.nodes())
```

使用 adjMatrix 可实现一个辅助函数，该函数能够检索节点的 topn 个最接近邻居，返回节点 ID 和边权重，示例代码如下。

```
def getNeighbors(idx, adjMatrix, topn=5):
    weights = adjMatrix.loc[idx]
    neighbors = weights[weights>0]\
        .sort_values(ascending=False)\
        .head(topn)
    return [(k, v) for k, v in neighbors.iteritems()]
```

使用上述信息和辅助函数可以将这些信息合并到一个 Pandas DataFrame 中，具体代码如下。

```
dataset = {
    index: {
        "id": index,
        "words": [float(x)
                  for x in features.loc[index].values],
        "label": label_index[label],
        "neighbors": getNeighbors(index, adjMatrix, topn)
    }
    for index, label in labels.items()
}
df = pd.DataFrame.from_dict(dataset, orient="index")
```

该 Pandas DataFrame 代表以节点为中心的特征空间。如果我们使用不需要利用节点之间关系信息的常规分类器，那么有了它就足够了。当然，为了允许计算图正则化项，我们还需要将上述的 DataFrame 与每个节点的邻域相关的信息连接起来，然后定义一个能够检索和连接邻域信息的函数，具体代码如下。

```
def getFeatureOrDefault(ith, row):
    try:
        nodeId, value = row["neighbors"][ith]
        return {
            f"{GRAPH_PREFIX}_{ith}_weight": value,
            f"{GRAPH_PREFIX}_{ith}_words": df.loc[nodeId]["words"]
        }
    except:
        return {
            f"{GRAPH_PREFIX}_{ith}_weight": 0.0,
            f"{GRAPH_PREFIX}_{ith}_words": [float(x) for x in
np.zeros(1433)]
        }

def neighborsFeatures(row):
    featureList = [getFeatureOrDefault(ith, row) for ith in range(topn)]
    return pd.Series(
        {k: v
         for feat in featureList for k, v in feat.items()}
    )
```

如上述代码片段所示，当邻居小于 topn 时，可将词的权重和独热编码设置为 0。

GRAPH_PREFIX 常量是一个前缀，它将被添加到所有特征的前面，这些特征以后将由 nsl 库使用，以正则化训练。尽管该常量可以更改，但在以下代码片段中，我们将其值保持为默认值"NL_nbr"。

该函数可以应用于 DataFrame 以计算完整的特征空间，如下所示。

```
neighbors = df.apply(neighborsFeatures, axis=1)
allFeatures = pd.concat([df, neighbors], axis=1)
```

现在我们已经在 allFeatures 中拥有实现图正则化模型所需的所有成分。

首先将数据集拆分为训练集和验证集，如下所示。

```
n = int(np.round(len(labels)*ratio))
labelled, unlabelled = model_selection.train_test_split(
    allFeatures, train_size=n, test_size=None, stratify=labels
)
```

通过更改该比率，我们可以更改已标记数据点和未标记数据点的数量。随着比率的降低，预计标准非正则化分类器的性能会降低。当然，这种减少可以通过利用未标记数据提供的网络信息来补偿。因此，预计图正则化神经网络能够提供更好的性能，这要归功于它们利用的增强信息。在以下代码片段中，假设 ratio 值等于 0.2。

在将这些数据输入神经网络之前，可将 DataFrame 转换为 TensorFlow 张量和数据集，这是一种方便的表示，允许模型在其输入层中引用特征名称。

由于输入特征具有不同的数据类型，因此最好分别处理 weights、words 和 labels 值的数据集创建，如下所示。

```
train_base = {
    "words": tf.constant([
        tuple(x) for x in labelled["words"].values
    ]),
    "label": tf.constant([
        x for x in labelled["label"].values
    ])
}
train_neighbor_words = {
    k: tf.constant([tuple(x) for x in labelled[k].values])
    for k in neighbors if "words" in k
}
train_neighbor_weights = {
    k: tf.constant([tuple([x]) for x in labelled[k].values])
    for k in neighbors if "weight" in k
}
```

现在我们有了张量,可以将所有信息合并到一个 TensorFlow 数据集中,具体代码如下。

```
trainSet = tf.data.Dataset.from_tensor_slices({
    k: v
    for feature in [train_base, train_neighbor_words,
                    train_neighbor_weights]
    for k, v in feature.items()
})
```

可以按类似方式创建一个验证集。如前文所述,由于要设计归纳算法,因此验证数据集不需要任何邻域信息。示例代码如下。

```
validSet = tf.data.Dataset.from_tensor_slices({
    "words": tf.constant([
        tuple(x) for x in unlabelled["words"].values
    ]),
    "label": tf.constant([
        x for x in unlabelled["label"].values
    ])
})
```

在将数据集输入模型之前,可以将特征与标签分开,如下所示。

```
def split(features):
    labels=features.pop("label")
    return features, labels
trainSet = trainSet.map(f)
  validSet = validSet.map(f)
```

现在我们已经为模型生成了输入,接下来可以通过打印特征和标签的值来检查数据集的一批样本,示例代码如下。

```
for features, labels in trainSet.batch(2).take(1):
    print(features)
    print(labels)
```

现在需要创建我们的第一个模型。为此,可从一个简单的架构开始,该架构将独热表示作为输入,并有两个隐藏层,即由一个 Dense 层和一个 Dropout 层组成,每层有 50 个神经元,如下所示。

```
inputs = tf.keras.Input(
    shape=(vocabularySize,), dtype='float32', name='words'
)
cur_layer = inputs
```

```
for num_units in [50, 50]:
    cur_layer = tf.keras.layers.Dense(
        num_units, activation='relu'
    )(cur_layer)
    cur_layer = tf.keras.layers.Dropout(0.8)(cur_layer)
outputs = tf.keras.layers.Dense(
    len(label_index), activation='softmax',
    name="label"
)(cur_layer)
model = tf.keras.Model(inputs, outputs=outputs)
```

事实上，还可以通过简单地编译模型来创建一个计算图，这样就可以训练这个模型而无须图正则化，如下所示。

```
model.compile(
    optimizer='adam',
    loss='sparse_categorical_crossentropy',
    metrics=['accuracy']
)
```

然后，可以像往常一样运行它，还允许将历史文件写入磁盘，以便使用 TensorBoard 进行监控，示例代码如下。

```
from tensorflow.keras.callbacks import TensorBoard
model.fit(
    trainSet.batch(128), epochs=200, verbose=1,
    validation_data=validSet.batch(128),
    callbacks=[TensorBoard(log_dir='/tmp/base)]
)
```

在该过程结束时，其输出如下。

```
Epoch 200/200
loss: 0.7798 - accuracy: 06795 - val_loss: 1.5948 - val_
accuracy: 0.5873
```

可以看到，该模型在准确率（Accuracy）上的性能还不到 0.6，因此现在需要创建上述模型的图正则化版本。

请注意，我们需要从头开始重新创建模型，这在比较结果时很重要。因为如果使用已经初始化并在之前的模型中使用的层，则层权重不会是随机的，而是会使用在之前的运行中优化过的权重。

在创建新模型后，只需寥寥几行代码即可添加要在训练时使用的图正则化技术，具体代码如下。

```
import neural_structured_learning as nsl
graph_reg_config = nsl.configs.make_graph_reg_config(
    max_neighbors=2,
    multiplier=0.1,
    distance_type=nsl.configs.DistanceType.L2,
    sum_over_axis=-1)
graph_reg= nsl.keras.GraphRegularization(
    model, graph_reg_config)
```

下面来分析一下正则化的不同超参数，具体如下。

❑　max_neighbors：调整应该用于计算每个节点的正则化损失的邻居数量。

❑　multiplier：对应于调整正则化损失重要性的系数。由于我们只考虑已标记-已标记和已标记-未标记，因此这实际上对应于 α_1 和 α_2。

❑　distance_type：表示要使用的成对距离 d。

❑　sum_over_axis：设置是否应针对特征（设置为 None 时）或样本（设置为-1 时）计算加权平均总和。

可使用以下命令以与前面相同的方式编译和运行图正则化模型。

```
graph_reg.compile(
    optimizer='adam',
    loss='sparse_categorical_crossentropy',
    metrics=['accuracy']
)
model.fit(
    trainSet.batch(128), epochs=200, verbose=1,
    validation_data=validSet.batch(128),
    callbacks=[TensorBoard(log_dir='/tmp/nsl)]
)
```

请注意，损失函数现在还考虑了之前定义的图正则化项。因此，我们现在还将引入来自相邻节点的信息，用于正则化神经网络的训练。上面的代码经过大约 200 个 Epochs 的迭代后，可产生以下输出。

```
Epoch 200/200
loss: 0.9136 - accuracy: 06405 - scaled_graph_loss: 0.0328 -
val_loss: 1.2526 - val_accuracy: 0.6320
```

可以看到，与普通版本相比，图正则化使我们能够将准确率（Accuracy）方面的性能提高约 5%。这个结果还算不错。

读者可以多进行几次实验，更改已标记/未标记样本的比率、要使用的邻居数、正则化系数、距离等。我们鼓励读者使用本书随附的 Notebook 来探索不同参数的效果。

在图 4.10 的右侧面板中，显示了随着有监督比率的增加，由准确率衡量的性能的依赖性。正如预期的那样，其性能会随着比率的提高而增加。在左侧面板中，则显示了验证集上各种邻居配置和有监督比率的准确率增量，其定义如下。

$$\Delta\alpha = \text{accuracy}_{\text{reg.}} - \text{accuracy}_{\text{no reg}}$$

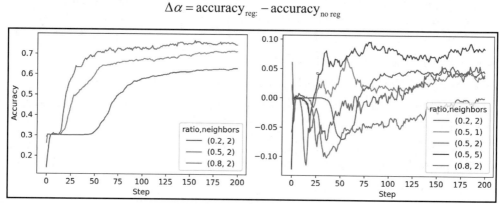

图 4.10　图正则化神经网络的验证集准确率（左）；
与普通版本相比，图正则化神经网络的验证集准确率增加（右）

如图 4.10 所示，几乎所有图正则化版本都优于普通模型。唯一的例外是 neighbors = 2 和 ratio = 0.5 的配置，这两个模型的表现非常相似。当然，该曲线具有明显的积极趋势，可以合理预期，图正则化版本在更多 Epochs 内的表现将优于普通模型。

请注意，在 Notebook 中，我们还使用了 TensorFlow 的另一个有趣功能来创建数据集。我们将使用 TensorFlow Example、Features 和 Feature 类创建一个数据集，而不是像之前那样使用 Pandas DataFrame。除了提供样本的高级描述，这些类还允许序列化输入数据（使用 protobuf），使它们跨平台和编程语言兼容。

如果读者有兴趣进一步使用 TensorFlow 来构建模型原型并通过数据驱动应用程序（可能用其他语言编写）将它们部署到生产中，那么可以深入研究这些概念。

4.5.3　Planetoid

到目前为止，我们所讨论的方法提供了基于拉普拉斯矩阵的图正则化。如前文所述，基于 W_{ij} 的强制约束可保证保留一阶邻近度（详见 3.4.2 节"高阶邻近保留嵌入"）。Yang 等于 2016 年提出了一种扩展图正则化的方法，以便同时考虑高阶邻近度。他们将该方法命名为 Planetoid，这是使用嵌入以直推式或归纳式从数据预测标签和邻居（Predicting Labels And Neighbors with Embeddings Transductively Or Inductively from Data）的缩写。

　　Planetoid 方法的特点是按标签和结构对节点对进行采样，扩展了用于计算节点嵌入的 Skip-Gram 方法以合并节点-标签信息。

　　如前文所述，Skip-Gram 方法的特点是在图中生成随机游走，然后使用生成的序列通过 Skip-Gram 模型学习嵌入。图 4.11 显示了如何修改其无监督版本以考虑有监督的损失。其中，虚线代表参数化函数，该函数允许方法从直推扩展到归纳。

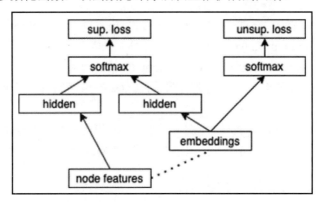

图 4.11　Planetoid 架构示意图

原　　文	译　　文
node features	节点特征
embeddings	嵌入
hidden	隐藏层
softmax	softmax 激活函数
sup.loss	有监督损失
unsup.loss	无监督损失

　　如图 4.11 所示，嵌入被提供给以下两个层。

　　❑　softmax 层：用于预测采样的随机游走序列的图上下文。

　　❑　隐藏层：与从节点特征派生的隐藏层结合在一起，以预测类标签。

　　训练组合网络的最小成本函数由有监督和无监督损失组成，有监督损失为 $\mathcal{L}_s$，无监督损失为 $\mathcal{L}_u$。无监督损失类似于负采样的 Skip-Gram 使用的损失，而有监督损失则将最小化条件概率，可以写成如下形式。

$$\mathcal{L}_s = -\sum_{i \in L} \log p(y_i | x_i, e_i)$$

　　上述公式是直推式（Transductive）的，因为它需要样本属于图才能应用。在半监督任务中，该方法可以有效地用于预测未标记示例的标签。但是，它不能用于未观察到的样本。如图 4.11 中的虚线所示，可以通过专门的连接层将 embeddings 参数化，使之成为 node features 的函数，从而获得 Planetoid 算法的归纳式（Inductive）版本。

4.6　图卷积神经网络

　　在第 3 章"无监督图学习"中，我们已经详细阐述过图神经网络（GNN）和图卷积网络（Graph Convolutional Network，GCN）背后的主要概念，还解释了谱图卷积（Spectral Graph Convolution）和空间图卷积（Spatial Graph Convolution）之间的区别。更具体地说，通过学习如何保留诸如节点相似性之类的图属性，GCN 层可在无监督设置下对图或节点进行编码。

　　本章将在有监督设置下探索此类方法。这一次，我们的目标是学习可以准确预测节点或图标签的图或节点表示。值得注意的是，编码函数保持不变，改变的是目标。

4.6.1　使用 GCN 进行图分类

　　现在再次以 PROTEINS 数据集为例。首先加载该数据集。

```
import pandas as pd
from stellargraph import datasets
dataset = datasets.PROTEINS()
graphs, graph_labels = dataset.load()
# 将默认字符串标签转换为 int 所必需的操作
labels = pd.get_dummies(graph_labels, drop_first=True)
```

　　在以下示例中，将使用（并比较）最广泛使用的 GCN 算法之一进行图分类，这个算法就是 Kipf 和 Welling 提出的 GCN。

　　（1）本示例用于构建模型的是 stellargraph，它使用 tf.Keras 作为后端。根据具体标准，还需要一个数据生成器来为模型提供数据。更准确地说，由于我们将要解决的是一个有监督的图分类问题，因此可以使用 stellargraph 的 PaddedGraphGenerator 类的一个实例，它可以通过使用填充自动解决节点数量的差异。以下是此步骤所需的代码。

```
from stellargraph.mapper import PaddedGraphGenerator
generator = PaddedGraphGenerator(graphs=graphs)
```

　　（2）现在已经做好准备，可以实际创建第一个模型。我们将通过 stellargraph 的 utility

函数创建并堆叠 4 个 GCN 层，如下所示。

```
from stellargraph.layer import DeepGraphCNN
from tensorflow.keras import Model
from tensorflow.keras.optimizers import Adam
from tensorflow.keras.layers import Dense, Conv1D,
MaxPool1D, Dropout, Flatten
from tensorflow.keras.losses import binary_crossentropy
import tensorflow as tf
nrows = 35        # 输出张量的行数
layer_dims = [32, 32, 32, 1]
# 模型的主干部分（编码器）
dgcnn_model = DeepGraphCNN(
    layer_sizes=layer_dims,
    activations=["tanh", "tanh", "tanh", "tanh"],
    k=nrows,
    bias=False,
    generator=generator,
)
```

（3）这个主干部分将使用 tf.Keras 连接到一维（1D）卷积层和全连接层，如下所示。

```
# 将主干部分连接到头部所必需的操作
gnn_inp, gnn_out = dgcnn_model.in_out_tensors()

# 模型的头部（分类）
x_out = Conv1D(filters=16, kernel_size=sum(layer_dims),
strides=sum(layer_dims))(gnn_out)
x_out = MaxPool1D(pool_size=2)(x_out)
x_out = Conv1D(filters=32, kernel_size=5, strides=1)(x_out)
x_out = Flatten()(x_out)
x_out = Dense(units=128, activation="relu")(x_out)
x_out = Dropout(rate=0.5)(x_out)
predictions = Dense(units=1, activation="sigmoid")(x_out)
```

（4）使用 tf.Keras 实用程序创建和编译模型。我们将使用 binary_crossentropy 损失函数（以测量预测标签和真实值之间的差异）来训练模型。优化器（Optimizer）使用的是 Adam，学习率（Learning Rate，LR）参数设置为 0.0001。

在训练时将监控准确率（Accuracy）指标。示例代码如下。

```
model = Model(inputs=gnn_inp, outputs=predictions)
model.compile(optimizer=Adam(lr=0.0001), loss=binary_crossentropy,
metrics=["acc"])
```

（5）利用 scikit-learn 实用程序来创建训练集和测试集。在本示例中，将使用 70%的数据作为训练集，其余的作为测试集。此外，还需要使用生成器的 flow()方法将它们提供给模型。此操作的代码如下。

```
from sklearn.model_selection import train_test_split
train_graphs, test_graphs = train_test_split(
    graph_labels, test_size=.3, stratify=labels,)
gen = PaddedGraphGenerator(graphs=graphs)
train_gen = gen.flow(
    list(train_graphs.index - 1),
    targets=train_graphs.values,
    symmetric_normalization=False,
    batch_size=50,
)
test_gen = gen.flow(
    list(test_graphs.index - 1),
    targets=test_graphs.values,
    symmetric_normalization=False,
    batch_size=1,
)
```

（6）开始训练。本示例对模型进行了 100 个 Epoch 训练。当然，读者也可以随意配置超参数以获得更好的性能。示例代码如下。

```
epochs = 100
history = model.fit(train_gen, epochs=epochs, verbose=1,
 validation_data=test_gen, shuffle=True,)
```

在训练 100 个 Epoch 之后，其输出如下。

```
Epoch 100/100
loss: 0.5121 - acc: 0.7636 - val_loss: 0.5636 - val_acc:0.7305
```

可以看到，我们在训练集上实现了大约 76%的准确率，而在测试集上则实现了大约 73%的准确率。

4.6.2　使用 GraphSAGE 进行节点分类

在本示例中，我们将训练 GraphSAGE 对 Cora 数据集的节点进行分类。首先需要使用 stellargraph 实用程序加载数据集，如下所示。

```
dataset = datasets.Cora()
G, nodes = dataset.load()
```

按照以下步骤训练 GraphSAGE，以对 Cora 数据集的节点进行分类。

（1）和前面的例子一样，首先需要拆分数据集。本示例将使用 90%的数据作为训练集，其余的用于测试集。示例代码如下。

```
train_nodes, test_nodes = train_test_split(nodes, train_size=0.1,
test_size=None, stratify=nodes)
```

（2）这一次，我们将使用独热表示（One-Hot Representation）转换标签。这种表示常用于分类任务，往往会带来更好的性能。

具体来说，就是令 c 为可能的目标数量（在 Cora 数据集示例中，其值为 7），每个标签将转换为大小为 c 的向量，其中除与目标类别对应的元素外，所有元素均为 0。具体代码如下。

```
from sklearn import preprocessing
label_encoding = preprocessing.LabelBinarizer()
train_labels = label_encoding.fit_transform(train_nodes)
test_labels = label_encoding.transform(test_nodes)
```

（3）创建一个生成器来将数据输入模型。这可以使用 stellargraph 的 GraphSAGENodeGenerator 类的实例。我们将使用 flow()方法为模型提供训练集和测试集，具体代码如下。

```
from stellargraph.mapper import GraphSAGENodeGenerator
batchsize = 50
n_samples = [10, 5, 7]
generator = GraphSAGENodeGenerator(G, batchsize, n_samples)
train_gen = generator.flow(train_nodes.index, train_labels,
shuffle=True)
test_gen = generator.flow(test_labels.index, test_labels)
```

（4）创建模型并进行编译。本示例将分别使用具有 32、32 和 16 维的 3 层的 GraphSAGE 编码器，然后将编码器连接到具有 Softmax 激活函数的密集层以执行分类。我们将使用 categorical_crossentropy 作为损失函数，设置学习率为 0.03，优化器为 Adam。具体代码如下。

```
from stellargraph.layer import GraphSAGE
from tensorflow.keras.losses import categorical_crossentropy
graphsage_model = GraphSAGE(layer_sizes=[32, 32, 16],
generator=generator, bias=True, dropout=0.6,)
gnn_inp, gnn_out = graphsage_model.in_out_tensors()
outputs = Dense(units=train_labels.shape[1],
```

```
activation="softmax")(gnn_out)
# 创建模型并编译
model = Model(inputs=gnn_inp, outputs=outputs)
model.compile(optimizer=Adam(lr=0.003), loss=categorical_crossentropy,
metrics=["acc"],)
```

（5）训练模型。我们对模型进行了 20 个 Epoch 训练，如下所示。

```
model.fit(train_gen, epochs=20, validation_data=test_gen, verbose=2,
shuffle=False)
```

其输出结果如下。

```
Epoch 20/20
loss: 0.8252 - acc: 0.8889 - val_loss: 0.9070 - val_acc:0.8011
```

可以看到，我们在训练集上实现了约 89% 的准确率，而在测试集上则实现了约 80% 的准确率。

4.7 小　　结

本章探讨了如何有效地将监督机器学习应用于图以解决节点和图分类等实际问题。

我们首先分析了基于特征的方法，即将图和节点属性直接用作特征，以训练经典机器学习算法。

本章还讨论了仅针对有限的输入数据集学习节点、边或图表示的浅层嵌入方法。

我们了解了如何在学习阶段使用正则化技术，以创建更稳定可靠的模型，这些模型往往可以更好地泛化。

最后，我们演示了如何应用图神经网络来解决图上的有监督机器学习问题。

但是，这些算法有什么用呢？第 5 章就试图回答这个问题，我们将探讨图上需要通过机器学习技术解决的常见问题。

第 5 章　使用图机器学习技术解决问题

在前面的章节中，我们已经了解了一些图机器学习算法，那么这些算法有什么实际作用呢？答案是，在实际应用中，图机器学习技术可用于广泛的任务，其范围涵盖了从药物设计到社交网络中的推荐系统等诸多应用。

此外，鉴于此类方法在设计上是通用的（这意味着它们不是针对特定问题量身定制的），因此可以使用相同的算法来解决不同的问题。

使用基于图的学习技术可以解决一些常见问题。在第 3 章 "无监督图学习" 和第 4章 "有监督图学习" 中，已经介绍了很多算法的详细信息，本章将通过提供相关的特定算法来解决实际任务。

阅读本章后，读者将了解处理图时可能遇到的许多常见问题的正式定义。此外，还将熟悉有用的机器学习管道，未来处理实际问题时可重用这些管道。

本章包含以下主题。

❑　预测图中缺失的链接。

❑　检测有意义的结构，如社区。

❑　检测图相似性和图匹配。

5.1　技术要求

本书所有练习都使用了包含 Python 3.8 的 Jupyter Notebook。以下代码片段显示了本章将使用 pip 安装的 Python 库列表。其使用方法为，在命令行中运行 pip install networkx==2.5 等。

```
Jupyter==1.0.0
networkx==2.5
karateclub==1.0.19
scikit-learn==0.24.0
pandas==1.1.3
node2vec==0.3.3
numpy==1.19.2
tensorflow==2.4.1
stellargraph==1.2.1
```

```
communities==2.2.0
git+https://github.com/palash1992/GEM.git
```

与本章相关的所有代码文件都可以在以下网址获得。

https://github.com/PacktPublishing/Graph-Machine-Learning/tree/main/Chapter05

5.2 预测图中缺失的链接

链接预测（Link Prediction）也称为图完备（Graph Completion），是处理图时的常见问题。更准确地说，就是从部分观察到的图，即对于某一对节点，不可能准确地知道它们之间是否存在（或不存在）边的图——我们想要预测在未知状态节点对之间是否存在边。

如图 5.1 所示就是部分观察的图。

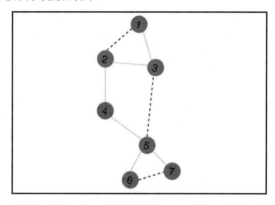

图 5.1　部分观察图，带有已经观察到的链接 E_o（实线）和未知链接 E_u（虚线）

从图 5.1 可知，$E_o = \{\{1,3\},\{2,3\},\{2,4\},\{4,5\},\{5,6\},\{5,7\}\}$，$E_u = \{\{1,2\},\{3,5\},\{6,7\}\}$。

形式上，令 $G = (V, E)$ 是一个图，其中 V 是它的节点的集合，$E = E_o \cup E_u$ 是它的边的集合。边的集合 E_o 称为观察到的链接（Observed Link），而边的集合 E_u 称为未知的链接（Unknown Link）。

链接预测问题的目标是利用 V 和 E_o 的信息来估计 E_u。

这个问题在处理时态图数据时也很常见。在此设置中，令 G_t 成为在给定时间点 t 观察到的图，我们希望预测在给定时间点 $t+1$ 时该图的边。

链接预测问题广泛用于不同领域，如推荐系统，以便在社交网络中推荐好友或在电子商务网站上推荐要购买的商品。它还可用于犯罪网络调查，以发现犯罪团伙之间的隐藏联系，以及用于分析蛋白质-蛋白质相互作用的生物信息学。

接下来，我们将讨论解决链接预测问题的两大类方法，即基于相似性（Similarity-Based）的方法和基于嵌入（Embedding-Based）的方法。

5.3　基于相似性的方法

本节将展示若干种解决标签预测问题的简单算法。所有这些算法背后的主要共享思想是估计图中每对节点之间的相似性函数。如果根据该函数，节点看起来相似，那么它们将很有可能被一条边连接起来。

可以将这些算法分为两个子系列：基于索引（Index-Based）的方法和基于社区（Community-Based）的方法。前者包含基于给定节点对的邻居的索引进行简单计算的所有方法。后者包含更复杂的算法，它将使用有关给定节点对所属社区的信息计算索引。

为了给出这些算法的实际示例，我们将使用 networkx.algorithms.link_prediction 包中 networkx 库中可用的标准实现。

5.3.1　基于索引的方法

本节将展示 networkx 中可用的一些算法，它们将计算在两个断开连接的节点之间产生边的概率。这些算法将基于简单索引的计算，它可以通过分析两个断开连接的节点的邻居获得信息，并以此计算索引。

1．资源分配索引

资源分配索引（Resource Allocation Index）方法可以估计两个节点 v 和 u 连接的概率，其具体做法是根据以下公式估计所有节点对的资源分配索引。

$$\text{Resource Allocation Index}(u,v) = \sum_{w \in N(u) \cap N(v)} \frac{1}{|N(w)|}$$

在上述公式中，$N(v)$ 函数将计算节点 v 的邻居。w 也是一个节点，它是 u 和 v 的邻居。可使用以下代码在 networkx 中计算此索引。

```
import networkx as nx
edges = [[1,3],[2,3],[2,4],[4,5],[5,6],[5,7]]
G = nx.from_edgelist(edges)
preds = nx.resource_allocation_index(G,[(1,2),(2,5),(3,4)])
```

resource_allocation_index 函数的第一个参数 G 是输入的图，而第二个参数则是可能的边的列表。我们要计算连接的概率。其输出结果如下。

```
[(1, 2, 0.5), (2, 5, 0.5), (3, 4, 0.5)]
```

该输出是一个包含节点对——如(1,2)、(2,5)和(3,4)——的列表，它们构成了资源分配索引。根据该输出，在这些节点对之间有一条边的概率是 0.5。

2. 杰卡德系数

该算法将根据杰卡德系数（Jaccard Coefficient）计算两个节点 u 和 v 之间连接的概率，其计算公式为

$$\text{Jaccard Coefficient}(u,v) = \frac{\left|N(u) \bigcap N(v)\right|}{\left|N(u) \bigcup N(v)\right|}$$

在这里，$N(v)$用于计算节点 v 的邻居。以下代码可在 networkx 中使用该函数。

```
import networkx as nx
edges = [[1,3],[2,3],[2,4],[4,5],[5,6],[5,7]]
G = nx.from_edgelist(edges)
preds = nx.resource_allocation_index(G,[(1,2),(2,5),(3,4)])
```

resource_allocation_index 函数的参数与上一个函数的参数相同。该代码的结果如下。

```
[(1, 2, 0.5), (2, 5, 0.25), (3, 4, 0.33333333333333333)]
```

根据此输出，节点(1,2)之间具有边的概率为 0.5，节点(2,5)之间有边的概率为 0.25，节点(3,4)之间有边的概率为 0.333。

在 networkx 中，其他基于相似性分数计算两个节点之间连接概率的方法是 nx.adamic_adar_index 和 nx.preferential_attachment，它们分别基于 Adamic/Adar 索引和优先连接索引（Preferential Attachment Index）计算。这些函数与其他函数具有相同的参数，并接收一个图和一个想要计算分数的节点列表。

接下来，我们将介绍基于社区检测的算法系列。

5.3.2　基于社区的方法

与基于索引的方法一样，该系列的算法也将计算表示断开连接的节点被连接的概率的索引。基于索引（Index-Based）的方法和基于社区（Community-Based）的方法之间的主要区别与它们背后的逻辑有关。事实上，在生成索引之前，基于社区的方法需要计算这些节点所属的社区的信息。

本小节将展示一些常见的基于社区的方法。

1. 社区共同邻居

为了估计两个节点连接的概率，社区共同邻居（Community Common Neighbor）算法

将计算共同邻居的数量，并将属于同一社区的共同邻居的数量添加到该值上。

形式上，对于两个节点 v 和 u，社区共同邻居值计算如下。

$$\text{Community Common Neighbor}(u,v) = \left| N(v) \bigcup N(u) \right| + \sum_{w \in N(v) \bigcap N(u)} f(w)$$

在该公式中，$N(v)$ 用于计算节点 v 的邻居，而如果 w 属于 u 和 v 的同一社区，则 $f(w)=1$，否则，$f(w)=0$。以下代码可在 networkx 中计算该函数。

```
import networkx as nx
edges = [[1,3],[2,3],[2,4],[4,5],[5,6],[5,7]]
 G = nx.from_edgelist(edges)

G.nodes[1]["community"] = 0
G.nodes[2]["community"] = 0
G.nodes[3]["community"] = 0

G.nodes[4]["community"] = 1
G.nodes[5]["community"] = 1
G.nodes[6]["community"] = 1
G.nodes[7]["community"] = 1

preds = nx.cn_soundarajan_hopcroft(G,[(1,2),(2,5),(3,4)])
```

从上述代码片段中可知如何将 community 属性分配给图中的每个节点。在计算上一个公式中定义的函数 $f(v)$ 时，该属性可以识别属于同一社区的节点。

community 的值也可以使用特定算法自动计算。cn_soundarajan_hopcroft 函数可采用输入的图和想要计算分数的节点对作为参数。其输出结果如下。

```
[(1, 2, 2), (2, 5, 1), (3, 4, 1)]
```

它与上一个函数的主要区别在于索引值。事实上，我们可以很轻松地看到其输出不在 (0,1) 范围内。

2. 社区资源分配

与前面的方法一样，社区资源分配（Community Resource Allocation）算法可将从节点的邻居获得的信息与社区合并，其公式如下。

$$\text{Community Resource Allocation}(u,v) = \sum_{w \in N(v) \bigcap N(u)} \frac{f(w)}{|N(w)|}$$

在该公式中，$N(v)$ 用于计算节点 v 的邻居，而如果 w 属于 u 和 v 的同一社区，则 $f(w)=1$，否则，$f(w) = 0$。以下代码可在 networkx 中计算该函数。

```
import networkx as nx
edges = [[1,3],[2,3],[2,4],[4,5],[5,6],[5,7]]
 G = nx.from_edgelist(edges)

G.nodes[1]["community"] = 0
G.nodes[2]["community"] = 0
G.nodes[3]["community"] = 0

G.nodes[4]["community"] = 1
G.nodes[5]["community"] = 1
G.nodes[6]["community"] = 1
G.nodes[7]["community"] = 1

preds = nx. ra_index_soundarajan_hopcroft(G,[(1,2),(2,5),(3,4)])
```

从上述代码片段中可知如何将 community 属性分配给图中的每个节点。在计算上一个公式中定义的函数 $f(v)$ 时，该属性可以识别属于同一社区的节点。

community 的值也可以使用特定算法自动计算。ra_index_soundarajan_hopcroft 函数可采用输入的图和想要计算分数的节点对作为参数。其输出如下。

```
[(1, 2, 0.5), (2, 5, 0), (3, 4, 0)]
```

从上述输出中可以看出社区在索引计算中的影响。由于节点 1 和 2 属于同一个社区，因此它们在索引中的值更高。相反，边(2,5)和(3,4)的值则为 0，因为它们彼此属于完全不同的社区。

在 networkx 中，基于与社区信息合并的相似性分数计算两个节点之间连接概率的另外两种方法是 nx.awithin_inter_cluster 和 nx.common_neighbor_centrality。

接下来，我们将介绍一种更复杂的技术，它将基于机器学习再加上边嵌入方法，以执行未知边的预测。

5.4　基于嵌入的方法

本节将介绍一种更高级的链接预测方法。这种方法背后的思路是将链接预测问题作为有监督的分类任务来解决。更准确地说，对于给定的图，每对节点都用一个特征向量(x)表示，并且为这些节点对中的每一对分配了一个类标签(y)。形式上，令 $G = (V, E)$ 是一个图，对于每对节点 i, j，可构建以下公式。

$$x = [f_{0,0},...,f_{i,j},...,f_{n,n}] \quad y = [y_{0,0},...,y_{i,j},...,y_{n,n}]$$

在这里，$f_{i,j} \in x$ 代表节点(i, j)对的特征向量（Feature Vector），$y_{i,j} \in y$ 是它们的标签。

$y_{i,j}$ 的值定义如下。

如果在图 G 中，存在连接节点 i, j 的边，则 $y_{i,j} = 1$；否则，$y_{i,j} = 0$。

使用上述特征向量和标签，即可训练一个机器学习算法，以预测给定的节点对是否构成给定图的合理边。

如果说，为每对节点构建标签向量很容易，那么构建特征空间就不是那么简单了。为了为每对节点生成特征向量，可使用一些嵌入技术，如 node2vec 和 edge2vec，这在第 3 章 "无监督图学习" 中已经讨论过。使用这些嵌入算法，特征空间的生成将大大简化。事实上，整个过程可以概括为以下两个主要步骤。

（1）对于图 G 的每个节点，使用 node2vec 算法计算其嵌入向量。

（2）对于图中所有可能的节点对，使用 edge2vec 算法计算嵌入。

现在可以将通用机器学习算法应用于生成的特征向量以解决分类问题。

为了向读者提供有关此过程的实用说明，下面将提供一个代码示例。更准确地说，我们将使用 networkx、stellargraph 和 node2vec 库描述整个管道（从图到链接预测）。

我们将整个过程分成不同的步骤，以简化对各部分的理解。该链接预测问题已应用于第 1 章 "图的基础知识" 中介绍过的引文网络数据集，其网址如下。

https://linqs-data.soe.ucsc.edu/public/lbc/cora.tgz

第一步，需要使用该引文数据集构建一个 networkx 图，示例代码如下。

```
import networkx as nx
import pandas as pd

edgelist = pd.read_csv("cora.cites", sep='\t', header=None,
names=["target", "source"])
G = nx.from_pandas_edgelist(edgelist)
```

由于该数据集表示为边列表，因此可使用 from_pandas_edgelist 函数来构建图。

第二步，我们需要从图 G 创建训练集和测试集。

更准确地说，训练集和测试集不仅应该包含图 G 真实边的子集，还应该包含不代表 G 中真实边的节点对。代表真实边的节点对将是正实例（类标签 1），而不代表真实边的节点对将是负实例（类标签 0）。该过程的执行代码如下。

```
from stellargraph.data import EdgeSplitter

edgeSplitter = EdgeSplitter(G)
 graph_test, samples_test, labels_test = edgeSplitter.train_
test_split(p=0.1, method="global")
```

在上述代码中，使用了 stellargraph 中可用的 EdgeSplitter 类。EdgeSplitter 类的主要构造函数参数是将要用于执行拆分的图（G）。

真正的拆分是使用 train_test_split 函数执行的，该函数将生成以下输出。

❑ graph_test：这是原始图 G 的子集，包含所有节点，但仅包含选定的边的子集。

❑ samples_test：这是一个向量，包含节点的位置。该向量将包含代表真实边（正实例）的节点对，以及不代表真实边（负实例）的节点对。

❑ labels_test：这是一个与 samples_test 长度相同的向量。它仅包含 0 或 1。值 0 存在于表示 samples_test 向量中的负实例的位置，而值 1 则存在于表示 samples_test 中的正实例的位置。

生成测试集和训练集的过程相同，其代码如下。

```
edgeSplitter = EdgeSplitter(graph_test, G)
 graph_train, samples_train, labels_train =
edgeSplitter.train_test_split(p=0.1, method="global")
```

这部分代码的主要区别与 EdgeSplitter 的初始化有关。在本示例中，还提供了 graph_test 以便不重复为测试集生成正面和负面实例。

到目前为止，我们已经拥有带有负面实例和正面实例的训练和测试数据集。对于这些实例中的每一个，都需要生成它们的特征向量。

在本示例中，将使用 node2vec 库来生成节点嵌入。一般来说，每个节点嵌入算法都可以用来执行该任务。对于训练集，可使用以下代码生成特征向量。

```
from node2vec import Node2Vec
from node2vec.edges import HadamardEmbedder

node2vec = Node2Vec(graph_train)
 model = node2vec.fit()
edges_embs = HadamardEmbedder(keyed_vectors=model.wv)
 train_embeddings = [edges_embs[str(x[0]),str(x[1])] for x in
samples_train]
```

从上述代码片段中，可看到以下要点。

❑ 使用 node2vec 库为训练图中的每个节点生成嵌入。

❑ 使用 HadamardEmbedder 类来生成训练集中包含的每对节点的嵌入。这些值将用作特征向量来执行模型训练。

本示例使用了 HadamardEmbedder 算法，但一般来说，也可以使用其他嵌入算法，例如在第 3 章"无监督图学习"中介绍过的算法。

同样地，对于测试集也需要生成特征向量，示例代码如下。

```
edges_embs = HadamardEmbedder(keyed_vectors=model.wv)
 test_embeddings = [edges_embs[str(x[0]),str(x[1])] for x in
samples_test]
```

这里唯一的区别在于用于计算边嵌入的 samples_test 数组。本示例实际上使用了为测试集生成的数据。此外，应该注意的是，这里并没有为测试集重新计算 node2vec 算法。事实上，考虑到 node2vec 的随机性，不可能确保两个学习的嵌入是"可比较的"，因此 node2vec 嵌入在每次运行时都会发生变化。

现在一切都已经就绪。我们可以训练一种机器学习算法来解决标签预测问题，本示例将使用 train_embeddings 特征空间和 train_labels 标签分配，具体代码如下。

```
from sklearn.ensemble import RandomForestClassifier
rf = RandomForestClassifier(n_estimators=1000)
 rf.fit(train_embeddings, labels_train);
```

在本示例中，使用了一个简单的 RandomForestClassifier 类，但是每个机器学习算法都可以用来解决这个任务，然后可以在 test_embeddings 特征空间上应用经过训练的模型，以量化分类的质量，示例代码如下。

```
from sklearn import metrics

y_pred = rf.predict(test_embeddings)
 print('Precision:', metrics.precision_score(labels_test, y_pred))
 print('Recall:', metrics.recall_score(labels_test, y_pred))
 print('F1-Score:', metrics.f1_score(labels_test, y_pred))
```

其输出结果如下。

```
Precision: 0.8557114228456913
Recall: 0.8102466793168881
F1-Score: 0.8323586744639375
```

如前文所述，这里描述的方法只是一个通用的模式；管道的每一部分——例如训练/测试拆分、节点/边嵌入和机器学习算法——都可以根据具体问题进行更改。

这种方法在处理时间图中的链接预测时特别有用。在这种情况下，可以应用在时间点 t 获得的边的相关信息，以训练一个模型，预测时间点 $t+1$ 时的边。

以上就是我们介绍的标签预测问题。我们不但进行了理论解释，还提供了用于寻找链接预测问题解决方案的若干个示例。我们演示了解决问题的不同方法，既包括简单的基于索引的技术，也包括更复杂的基于嵌入的技术。

此外，在科学文献中还有很多解决链接预测任务的算法。例如，在 *Review on Learning and Extracting Graph Features for Link Prediction*（《有关链接预测问题的图特征的学习和提取技术回顾》）论文中，就综合介绍了用于解决链接预测问题的不同技术，其网址如下。

https://arxiv.org/pdf/1901.03425.pdf

接下来，我们将研究社区检测问题。

5.5 检测有意义的结构

数据科学家在处理网络时面临的一个常见问题是如何识别图中的聚类和社区。当图源自社交网络并且已知社区存在时，通常就会出现这种情况。

当然，检测社区的底层算法和方法也可以用于其他环境，它代表执行聚类和分割的另一种选择。例如，这些方法可以有效地用于文本挖掘，以识别新出现的主题，或者给单个事件/主题的文档聚类。

社区检测任务包括给图分区，使得属于同一社区的节点彼此紧密连接，而与其他社区的节点连接较弱。目前研究人员已经开发出多种识别社区的策略。一般来说，可以将它们定义为以下两个类别之一。

- ❑ 非重叠（Non-Overlapping）社区检测算法：提供节点和社区之间的一对一关联，因此社区之间没有重叠节点。
- ❑ 重叠（Overlapping）社区检测算法：允许一个节点包含在多个社区中，这也反映了社交网络发展重叠社区的自然倾向。例如，某人可能同时存在于校友圈、邻居圈、同事圈、亲友圈、硬件发烧友圈和范围更广的技术讨论区等，或者在生物学中，一种蛋白质也可以参与多个过程和生物反应。

接下来，我们将介绍社区检测中一些最常用的技术。

5.5.1 基于嵌入的社区检测

基于嵌入的社区检测（Embedding-Based Community Detection）允许将节点划分为社区，社区可以通过在节点嵌入上应用标准浅层聚类技术来获得，而节点嵌入则可以使用第 3 章"无监督图学习"中描述的方法计算。

嵌入方法实际上允许我们将节点投影到向量空间中，而在向量空间中，即可定义表示节点之间相似性的距离度量。在第 3 章"无监督图学习"中已经演示过，嵌入算法在分离具有相似邻域和/或连通性属性的节点方面非常有效。

可使用的标准聚类技术包括以下几种。

❑ 基于距离的聚类，如 K-means 算法。

❑ 连通性聚类，如分层聚类（Hierarchical Clustering）算法。

❑ 分布聚类，如高斯混合（Gaussian Mixture）算法。

❑ 基于密度的聚类，如基于密度的含噪声应用空间聚类（Density-Based Spatial Clustering of Applications with Noise，DBSCAN）。

根据上述不同算法的应用，这些技术既可以提供单一关联社区检测，也可以实现软聚类分配。"软聚类"是一个和"硬聚类"相对的概念，其详细解释如下。

❑ 硬聚类（Hard Clustering）就是将数据确切地分配到某一类中，比如人按照性别可以划分为男人和女人，而提供单一关联社区检测同样属于硬聚类。K-Means 算法执行的就是硬聚类。

❑ 软聚类（Soft Clustering）就是将数据以一定的概率分到各类中，允许每个样本以不同程度（不同概率）同时属于多个聚类。比如平板电脑既可以归入计算机产品分类，又可以关联娱乐设备。高斯混合模型（Gaussian Mixture Model，GMM）执行的就是软聚类。

现在，我们将以一个简单的杠铃图为例来演示其工作原理。首先使用 networkx 效用函数创建一个简单的杠铃图，如下所示。

```
import networkx as nx
G = nx.barbell_graph(m1=10, m2=4)
```

然后，可以使用前文讨论过的一种嵌入算法（例如，高阶邻近保留嵌入 HOPE）来获得简化之后的密集节点表示，如下所示。

```
from gem.embedding.hope import HOPE
gf = HOPE(d=4, beta=0.01)
gf.learn_embedding(G)
 embeddings = gf.get_embedding()
```

最后，可以对节点嵌入提供的结果向量表示运行聚类算法，如下所示。

```
from sklearn.mixture import GaussianMixture
gm = GaussianMixture(n_components=3, random_state=0)
 labels = gm.fit_predict(embeddings)
```

可以使用不同的颜色突出显示计算的社区来绘制网络，如下所示。

```
colors = ["blue", "green", "red"]
nx.draw_spring(G, node_color=[colors[label] for label in labels])
```

其输出如图 5.2 所示。

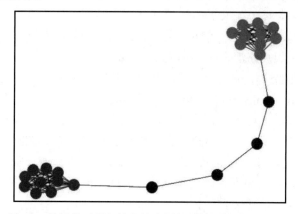

图 5.2　使用基于嵌入的方法应用社区检测算法的杠铃图

可以看到，杠铃图上的两个聚类（分别以红色和绿色显示）以及连接节点（以蓝色显示），已经被正确地分组为 3 个不同的社区，反映了图的内部结构。

5.5.2　谱方法和矩阵分解

另一种实现图划分的方法是处理表示图连通性属性的邻接矩阵或拉普拉斯矩阵。例如，可以通过对拉普拉斯矩阵的特征向量应用标准聚类算法来获得谱聚类（Spectral Clustering）。在某种意义上，谱聚类也可以看作基于嵌入的社区检测算法的一个特例，其中的嵌入技术是所谓的谱嵌入（Spectral Embedding），通过考虑拉普拉斯矩阵的前 k 个特征向量获得。

通过考虑拉普拉斯算子的不同定义以及不同的相似性矩阵，可以获得该方法的变体。此方法的便捷实现可以在 communities Python 库中找到，可用于从 networkx 图中轻松获得的邻接矩阵表示，示例代码如下。

```
from communities.algorithms import spectral_clustering
adj=np.array(nx.adjacency_matrix(G).todense())
communities = spectral_clustering(adj, k=2)
```

此外，邻接矩阵（或拉普拉斯算子）也可以使用奇异值分解（Singular Value Decomposition，SVD）技术以外的矩阵分解技术——如非负矩阵分解（Non-negative Matrix Factorization，NMF）——进行分解，示例代码如下。

```
from sklearn.decomposition import NMF
nmf = NMF(n_components=2)
```

```
score = nmf.fit_transform(adj)
communities = [set(np.where(score [:,ith]>0)[0])
               for ith in range(2)]
```

在此示例中，属于社区的阈值设置为 0，但也可以使用其他值来仅保留社区核心。请注意，这些方法是重叠的社区检测算法，节点可能属于多个社区。

5.5.3　概率模型

社区检测方法也可以通过拟合生成概率图模型的参数推导出来。在第 1 章 "图的基础知识" 中已经介绍过生成模型的示例。然而，与所谓的随机块模型（Stochastic Block Model，SBM）不同，它们没有假设任何潜在社区的存在。事实上，该模型基于这样一个假设，即节点可以划分为 K 个不相交的社区，并且每个社区对于连接到另一个社区都有一个定义的概率。对于由 n 个节点和 K 个社区组成的网络，生成模型的参数如下。

❑ 隶属度矩阵（Membership Matrix）：M，它是一个 $n \times K$ 矩阵，表示给定节点属于某个类 k 的概率。

❑ 概率矩阵（Probability Matrix）：B，它是一个 $K \times K$ 矩阵，表示属于社区 i 的某个节点和属于社区 j 的一个节点之间出现边的概率。

然后通过以下公式生成邻接矩阵。

$$a_{ij} = \begin{cases} \text{Bernoulli}(B_{(g_i,g_j)}) & i, i < j \\ 0 & , i = 0 \\ a_{ji} & , i > j \end{cases}$$

在这里，g_i 和 g_j 代表社区，它们可以通过从概率 M_i 和 M_j 的多项分布中抽样获得。

在随机块模型（SBM）中，基本上可以通过最大似然估计（Maximum Likelihood Estimation）来反转公式并将社区检测问题简化为从矩阵 A 对隶属度矩阵 M 的后验估计。这种方法的一个版本最近与随机谱聚类一起使用，以便在非常大的图中执行社区检测。

请注意，恒定概率矩阵极限（即 $B_{ij} = p$）中的 SBM 模型对应于 Erdős-Rényi 模型。这些模型还具有描述社区之间关系、识别社区-社区关系的优势。

5.5.4　成本函数最小化

检测图中社区的另一种可能方法是优化表示图结构的给定成本函数，并相对于社区内的边惩罚跨社区的边。这基本上包括构建社区质量的度量（即模块度，详见第 1 章 "图的基础知识"），然后优化节点与社区的关联，以最大限度地提高分区的整体质量。

在二元关联社区结构的上下文中，社区关联可以用值为-1 或 1 的二分变量 s_i 来描述，具体取决于该节点是否属于两个社区之一。

在这种情况下，我们可以定义以下数量，这些数量可以用来有效地表示与在不同社区的两个节点之间建立链接相关的成本。

$$\sum_{i,j \in E} A_{ij}(1 - s_i s_j)$$

事实上，当两个节点之间存在连接（即 $A_{ij} > 0$）且它们属于不同的社区（即 $s_i s_j = -1$）时，边的贡献是正的。

另一方面，当两个节点之间没有连接（即 $A_{ij} = 0$）且当两个连接的节点属于同一个社区（$s_i s_j = 0$）时，边的贡献为 0。

因此，这里的问题是找到最佳社区分配（s_i 和 s_j）以最小化前面的函数。当然，该方法仅适用于二元社区检测，因此其应用相当有限。

属于此类的另一个非常流行的算法是 Louvain 方法，它的名称来自发明它的大学（比利时鲁汶大学）。该算法旨在最大化模块度（Modularity），其定义如下。

$$Q = \frac{1}{2m} \sum_{i,j \in E} \left(A_{ij} - \frac{k_i k_j}{2m} \right) \delta(c_i, c_j)$$

其中，m 表示边数，k_i 和 k_j 分别表示第 i 个节点和第 j 个节点的度（Degree），$\delta(c_i, c_j)$ 为 Kronecker 德尔塔（Δ）函数，当 c_i 和 c_j 值相同时，$\delta(c_i, c_j)$ 为 1，否则为 0。

模块度基本上表示与随机重新连接节点并因此而创建具有相同边数和度分布的随机网络相比，社区识别执行得更好的度量。

为了有效地最大化这种模块度，Louvain 方法可迭代计算以下步骤。

（1）模块度优化：节点将按迭代方式扫描。对于每个节点，将计算把它分配给其邻居的每个社区时模块度 Q 的变化。

一旦计算出所有的 ΔQ 值，该节点就会被分配到能够提供最大增量的社区。如果节点在被置于其所在社区之外的任何其他社区时未获得增加值，则该节点将仍保留在其原始社区中。这个优化过程将一直持续，直至没有出现任何变化。

（2）节点聚合：在此步骤中，会将同一社区中的所有节点分组，并使用跨两个社区的所有边的总和产生的边连接社区，以此构建新的网络。社区内的边也通过自循环来计算，其权重来自属于社区的所有边权重的总和。

可以在 communities 库中找到 Louvain 算法的实现，示例代码如下。

```
from communities.algorithms import louvain_method
communities = louvain_method(adj)
```

最大化模块度的另一种方法是 Girvan-Newman 算法，该算法的主要思想是，以迭代方式删除具有最高中介中心性的边（从而连接两个独立的节点聚类），以创建连接的组件社区。其示例代码如下。

```
from communities.algorithms import girvan_newman
communities = girvan_newman(adj, n=2)
```

🛈 **注意：**

后一种算法需要计算所有边的中介中心性（Betweenness Centrality）以去除边。这种计算在大型图中成本可能非常高。

Girvan-Newman 算法实际上缩放为 $n \cdot m^2$，其中，m 是边数，n 是节点数，在处理大型数据集时不应该使用。

5.6　检测图相似性和图匹配

学习图之间相似性的定量度量被认为是一个关键问题。事实上，它是网络分析的关键步骤，也可以用来解决许多机器学习问题，如分类、聚类和排序。许多聚类算法都使用相似性的概念来确定某个对象是否应该是某个组的成员。

在图的领域中，找到有效的相似性度量是许多应用程序的关键问题。以图中某个节点的作用为例，该节点对于跨网络传播信息或保证网络可靠性可能非常重要：例如，它可能是星形图的中心，也可能是某个圈子的核心成员。在这种情况下，如果能够找到一种方法，根据节点的作用对节点进行比较，识别其核心节点，那么这种方法显然非常有用。例如，在侦查敌方情报网络时，最重要的目的就是要找到整个情报网络中的核心成员，从而一网打尽。

读者可能有兴趣搜索那些扮演类似作用或表现出类似异常行为的节点，因为这往往意味着存在一个圈子或一种模式。例如，在二手交易平台上，某些卖家往往会虚报一个极低的价格诱惑买家，然后以各种理由将交易转移到无法监管的其他支付渠道进行。通过检索卖家类似异常行为，可以轻松发现这种模式。

读者还可以使用该方法来搜索类似的子图或确定知识转移（Knowledge Transfer）的网络兼容性。例如，如果读者找到一种提高网络可靠性的方法，并且知道这样的网络与另一个网络非常相似，则可以将适用于第一个网络的相同解决方案直接应用于第二个网络。例如，图 5.3 中的 G1 和 G2 就是两个看起来非常相似的网络。

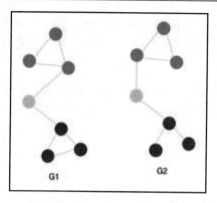

图 5.3   两个图之间的差异示例

可以使用若干个度量指标来衡量两个对象之间的相似性（距离）。例如，欧几里得距离（Euclidean Distance）、曼哈顿距离（Manhattan Distance）和余弦相似性（Cosine Similarity）等。但是，这些指标可能无法捕捉所研究数据的某些特定特征，尤其是在非欧式结构（如图）上。例如，图 5.3 中的 G1 和 G2 究竟有多大的差别？虽然它们看起来非常相似，但是，如果 G2 底部红色社区中缺失的连接导致信息严重丢失怎么办？它们看起来仍然相似吗？

💡 提示：

在图 5.3 中，G1 和 G2 底部的 3 个节点形成了红色社区。在黑白印刷的图书上可能不容易识别它们。本书提供了一个 PDF 文件，其中包含本书使用的屏幕截图/图表的彩色图像。可以通过以下地址下载。

https://static.packt-cdn.com/downloads/9781800204492_ColorImages.pdf

研究人员已经提出了若干种算法和启发式方法来检测图相似性和图的匹配，它们均基于数学概念，如图同构（Graph Isomorphisms）、编辑距离（Edit Distance）和公共子图（Common Subgraph）等。有关详细信息，可访问：

https://link.springer.com/article/10.1007/s10044-012-0284-8

这些方法有很多目前都已在实际应用中使用，当然，它们通常需要大量计算时间来提供一般性 NP 完全问题的解。这里的 NP 指的是非确定性多项式时间（Nondeterministic Polynomial time）。因此，找到衡量特定任务中涉及的数据点的相似性的度量指标至关重要，这也是机器学习可以发挥作用的地方。

在第 3 章"无监督图学习"和第 4 章"有监督图学习"中讨论的许多算法可能对学

习有效的相似性度量指标很有用。根据它们的使用方式，可以进行精确的分类。论文 *Deep Graph Similarity Learning: A Survey*（《深度图相似性学习综述》）对此提供了比较详尽的分类，其网址如下。

https://arxiv.org/pdf/1912.11615.pdf

图的相似性和图匹配检测基本上可以分为以下三大类（当然，也可能会有研究人员开发出复杂的组合）。

- ❑ 基于图嵌入的方法（Graph Embedding-based Method）：使用嵌入技术来获得图的嵌入表示，并利用这种表示来学习相似性函数。
- ❑ 基于图核的方法（Graph Kernel-based Method）：通过度量构成子结构的相似性来定义图之间的相似性。
- ❑ 基于图神经网络的方法（Graph Neural Network-based Method）：使用图神经网络（GNN）来联合学习嵌入的表示和相似性函数。

接下来，我们将逐一详细介绍这些方法。

5.6.1　基于图嵌入的方法

这些技术寻求应用图嵌入技术来获得节点级或图级表示，并进一步使用这些表示进行相似性学习。例如，DeepWalk 和 Node2Vec 可用于提取有意义的嵌入，然后将这些嵌入用于定义相似性函数或预测相似性分数。Tixier 等于 2015 年提出的 Node2vec 算法即可用于编码节点嵌入。

从这些节点嵌入中获得的二维直方图将传递给专为图像设计的经典 2D 卷积神经网络（CNN）架构。这种简单而强大的方法已经在许多基准数据集中获得了很好的结果。

5.6.2　基于图核的方法

基于图核的方法在捕获图之间的相似性方面引起了很多研究人员的兴趣。这些方法可以将两个图之间的相似性作为它们某些子结构之间相似性的函数进行计算。不同的图内核基于它们使用的子结构而存在，这包括随机游走、最短路径和子图等。

例如，Yanardag 等于 2015 年提出了一种称为 Deep Graph Kernels（DGK）的算法，可以将图分解成被视为词（Words）的子结构。然后，使用自然语言处理（Natural Language Processing，NLP）方法，如连续词袋（Continuous Bag Of Words，CBOW）和 Skip-Gram 来学习子结构的潜在表示。这样，两个图之间的核就是基于子结构空间的相似性定义的。

5.6.3　基于图神经网络的方法

随着深度学习（Deep Learning，DL）技术的出现，图神经网络（GNN）已成为学习图表示的强大新工具。这种强大的模型可以很容易地适应各种任务，包括图相似性学习。此外，它们相对于其他传统的图嵌入方法也具有关键优势。事实上，传统的图嵌入方法通常在各个不同的阶段孤立地学习图表示，而在图神经网络方法中，表示学习和目标学习任务是联合进行的。因此，GNN 深度模型可以更好地利用图特征进行特定的学习任务。

在第 3 章 "无监督图学习" 中，已经讨论了使用 GNN 进行相似性学习的示例，其中训练了一个双分支网络来估计两个图之间的邻近距离。

5.6.4　应用

基于图的相似性学习已经在许多领域取得了可喜的成果。以下仅举几例。

在化学和生物信息学中可以找到其重要应用，例如，用于查找与目标化合物最相似的化合物，如图 5.4 左侧所示。

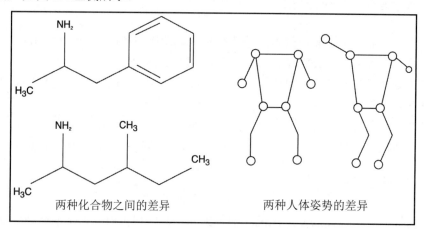

两种化合物之间的差异　　　　　　　两种人体姿势的差异

图 5.4　图用于表示各种对象的示例

在神经科学中，相似性学习方法已开始应用于多个学科之间，以衡量大脑网络的相似性，从而实现了对大脑疾病的新临床研究。

在计算机安全方面，图相似性学习的应用也在探索过程中，它提出了新的方法来检测软件系统中的漏洞以及硬件安全问题。

图相似性学习也为计算机视觉（Computer Vision，CV）问题提出了新的解决方案。

一旦解决了将图像转换为图数据的挑战性问题，即可为视频序列中的人类动作识别和场景中的对象匹配等提出有趣的解决方案（如图 5.4 的右侧所示）。

5.7　小　　结

本章讨论了如何使用基于图的机器学习技术来解决许多不同的问题。

我们详细介绍了如何使用相同的算法（或稍微修改过的版本）执行明显不同的任务，例如链接预测、社区检测和图相似性学习。

此外，本章还讨论了每个问题的特点，以及如何利用这些特点来设计更复杂的解决方案。

从第 6 章开始将探讨如何使用机器学习解决现实问题。

第 3 篇

图机器学习的高级应用

在前面的章节中，介绍了图机器学习的若干方法和算法，本篇将展示这些方法的实际用例，并探讨如何扩展结构化和非结构化数据集，从而帮助读者在实用层面真正掌握基于图的机器学习的应用。

本篇包括以下章节：
- 第 6 章，社交网络图。
- 第 7 章，使用图进行文本分析和自然语言处理。
- 第 8 章，信用卡交易的图分析。
- 第 9 章，构建数据驱动的图应用程序。
- 第 10 章，图的新趋势。

第6章 社交网络图

多年来，社交网站的增长一直是数字媒体非常活跃的趋势。自 20 世纪 90 年代后期发布第一个社交应用程序以来，社交网站吸引了全球数十亿活跃用户，其中许多人已将数字社交互动融入日常生活。QQ、微信、微博、Facebook、Twitter、Instagram 和众多的直播平台等社交网络正在推动新的交流方式。用户可以分享想法、发布更新和反馈，或参与活动和事件，同时在社交网站上分享他们更广泛的兴趣。

此外，社交网络构成了研究用户行为、解释人与人之间的交互以及预测他们的兴趣的巨大信息来源。将它们构建为图，其中一个顶点对应一个人，一条边代表人们之间的联系，这使得强大的工具能够提取许多非常有用的知识。

当然，由于大量可变参数的存在，了解推动社交网络进化的动态是一个复杂的问题。

本章将讨论如何使用图论分析 Facebook 社交网络，以及如何使用机器学习解决链接预测和社区检测等实用问题。

本章包含以下主题。

❑ 数据集概述。

❑ 网络拓扑和社区检测。

❑ 有监督学习和无监督学习任务。

6.1 技术要求

本书所有练习都使用了包含 Python 3.8 的 Jupyter Notebook。以下代码片段显示了本章将使用 pip 安装的 Python 库列表。其使用方法为，在命令行中运行 pip install networkx==2.5 等。

```
Jupyter==1.0.0
networkx==2.5
scikit-learn==0.24.0
numpy==1.19.2
node2vec==0.3.3
tensorflow==2.4.1
stellargraph==1.2.1
```

```
communities==2.2.0
git+https://github.com/palash1992/GEM.git
```

在本书的其余部分，如果没有明确说明，将使用以下 Python 命令。

```
import networkx as nx
```

与本章相关的所有代码文件都可以在以下网址获得。

https://github.com/PacktPublishing/Graph-Machine-Learning/tree/main/Chapter06

6.2　数据集概述

本章将使用来自斯坦福大学的 Social circles SNAP Facebook public dataset（社交圈 SNAP Facebook 公共数据集），其网址如下。

https://snap.stanford.edu/data/ego-Facebook.html

该数据集是通过从调查参与者那里收集 Facebook 用户信息而创建的。Ego 网络是通过 10 个用户创建的。每个用户都被要求确定他们的朋友所属的所有圈子（朋友列表）。每个用户平均找出了他们在 Ego 网络中的 19 个圈子，每个圈子平均有 22 个朋友。

对于每个用户，收集了以下信息。

❑　边：如果两个用户是 Facebook 好友，则存在边。

❑　节点特征：如果用户在其个人资料中有此属性，则特征标记为 1，否则标记为 0。这些特征已匿名，因为特征的名称会泄露私人数据。

然后将这 10 个 Ego 网络统一到我们将要研究的单个图中。

💡 提示：

Ego 网络又称自我中心网络，网络节点由唯一的一个中心节点（Ego）以及该节点的邻居组成。以社交网络为例，对某个人而言，将此人以及其朋友看作节点，只考虑这个人和他朋友，以及他朋友之间的连边，就可以得到一个以此人为中心的网络，即自我中心网络。

6.2.1　数据集下载

可以使用以下 URL 检索数据集。

https://snap.stanford.edu/data/ego-Facebook.html

具体来说，可下载以下 3 个文件。

❑ facebook.tar.gz：这是一个存档，包含每个 Ego 用户的 4 个文件（10 个用户共 40 个文件）。每个文件都被命名为 nodeId.extension，其中，nodeId 是 Ego 用户的节点 ID，extension 可以是 edges、circles、feat、egofeat 或 featnames。具体解释如下。

  ➢ nodeId.edges：包含 nodeId 节点的网络的边列表。

  ➢ nodeId.circles：包含多行（每个圈子一个）。每行由一个名称（圈子的名称）后跟一系列节点 ID 组成。

  ➢ nodeId.feat：包含 Ego 网络中每个节点的特征（如果 nodeId 具有该特征，则为 0，否则为 1）。

  ➢ nodeId.egofeat：包含了 ego 用户的特征。

  ➢ nodeId.featname：包含特征的名称。

❑ facebook_combined.txt.gz：这是一个包含单个文件 facebook_combined.txt 的档案，它是来自所有已合并 Ego 网络的边列表。

❑ readme-Ego.txt：包含对前面提到的文件的说明。

读者可以自行了解这些文件。强烈建议读者在开始任何机器学习任务之前探索并尽可能地熟悉数据集。

6.2.2　使用 networkx 加载数据集

我们分析的第一步是使用 networkx 加载已经聚合的 Ego 网络。如前文所述，networkx 的图分析功能非常强大，并且鉴于该数据集的大小，它将成为执行本章分析任务的完美工具。当然，如果用户需要处理具有数十亿个节点和边的大型社交网络图，则可能需要更强力的工具来进行加载和处理。第 9 章 "构建数据驱动的图应用程序" 将会详细介绍用于扩展分析的工具和技术。

正如我们所见，组合的 Ego 网络表示为边列表。可以使用 networkx 从边列表中创建一个无向图，如下所示。

```
G = nx.read_edgelist("facebook_combined.txt", create_using=nx.Graph(),
nodetype=int)
```

打印一些关于该图的基本信息。

```
print(nx.info(G))
```

其输出如下。

```
Name:
Type: Graph
Number of nodes: 4039
Number of edges: 88234
Average degree: 43.6910
```

可以看到，该聚合网络包含 4039 个节点和 88234 条边。这是一个连通性相当强的网络，因为其边数是节点数的 20 倍以上。事实上，该聚合网络中应该存在若干个聚类（它们可能是每个 Ego 用户的小世界）。

绘制该网络的图形也有助于更好地理解我们将要分析的内容。可按以下方式使用 networkx 绘图。

```
nx.draw_networkx(G, pos=spring_pos, with_labels=False, node_size=35)
```

其输出如图 6.1 所示。

图 6.1　聚合的 Facebook Ego 网络

可以观察到，该图中存在一些高度互连的枢纽。从社交网络分析的角度来看，这很有趣，因为它们可能是潜在社交机制的结果，可以进一步研究这些机制以更好地了解个人与其世界的关系结构。

在继续分析之前，可以保存网络内部 Ego 用户节点的 ID。可以从 facebook.tar.gz 存档包含的文件中检索它们。

首先，解压该存档文件。提取的文件夹将被命名为 facebook。现在可以运行以下 Python 代码，通过获取每个文件名的第一部分来检索 ID。

```
ego_nodes = set([int(name.split('.')[0]) for name in
os.listdir("facebook/")])
```

现在我们已经做好了分析图的准备。接下来，我们将通过检查其属性来更好地理解图的结构，这将有助于我们更清楚地了解网络拓扑结构及其相关特性。

6.3　网络拓扑和社区检测

了解网络的拓扑结构及其节点的作用是分析社交网络的关键步骤。重要的是要记住，在本示例中，节点实际上是用户，每个人都有自己的兴趣、习惯和行为。在执行预测和/或寻找见解时，此类知识将非常有用。

使用 networkx 可以计算在第 1 章"图的基础知识"中讨论过的大部分有用指标（包括集成指标、隔离指标、中心性指标和弹性指标等）。我们将尝试解释这些指标，以获得对图的见解（Insight）。

现在可以导入所需的库并定义一些将在整个代码中使用的变量。

```
import os
import math
import numpy as np
import networkx as nx
import matplotlib.pyplot as plt
default_edge_color = 'gray'
default_node_color = '#407cc9'
enhanced_node_color = '#f5b042'
enhanced_edge_color = '#cc2f04'
```

现在可以继续分析。

6.3.1　拓扑概述

正如之前所见，本示例中的组合网络有 4039 个节点和 88234 条边。因此，接下来我们将要计算的指标是同配性（Assortativity）。它属于衡量网络弹性的指标，可揭示有关用户与具有相似的度（Degree）的用户连接的趋势信息。示例代码如下。

```
assortativity = nx.degree_pearson_correlation_coefficient(G)
```

其输出如下。

```
0.06357722918564912
```

在这里，我们可以观察到正的同配性值，可能表明人脉关系良好的个体与其他人脉关系良好的个体之间存在相关性（详见 1.10 节"弹性指标"中有关同配性的解释）。这也是意料之中的事，因为在每个圈子内，用户可能倾向于彼此高度联系。

聚类系数有一个常见变体称为传递性（Transitivity）。传递性有助于更好地理解个人之间的联系。传递性表示有共同朋友的两个人他们自己也是朋友的平均概率。

```
t = nx.transitivity(G)
```

其输出如下。

```
0.5191742775433075
```

这表示有共同朋友的两个人他们自己也是朋友或不是朋友的概率大致知占一半。

通过计算平均聚类系数也可以证实上述观察结果。聚类系数（Clustering Coefficient）可以衡量有多少节点聚集在一起。事实上，它也可以被视为传递性的另一种定义。

```
aC = nx.average_clustering(G)
```

其输出如下。

```
0.6055467186200876
```

请注意，聚类系数往往高于传递性值。事实上，根据定义，它会对低度的顶点赋予更多权重，因为它们的可能邻居对（局部聚类系数的分母）数量有限。

6.3.2　节点中心性

一旦对整体拓扑结构有了更清晰的认识，我们就可以继续研究网络中每个节点的重要性。在第 1 章"图的基础知识"中已经介绍过，中介中心性（Betweenness Centrality）是衡量中心性的良好指标，它有点像"社交达人"的概念，可评估一个节点在多大程度上充当了其他节点之间的桥梁。中介中心性可测量通过给定节点的最短路径的数量，从而了解该节点在网络内部传播信息的中心程度。

其计算方式如下。

```
bC = nx.betweenness_centrality(G)
 np.mean(list(bC.values()))
```

其输出如下。

```
0.0006669573568730229
```

可以看到，该平均中介中心性非常低，鉴于网络内有大量非桥接节点，这是可以理解的。当然，我们可以通过对图的视觉检查来获得更好的见解。特别是，可以通过增强具有最高中介中心性的节点来绘制组合之后的 Ego 网络。为此可定义一个适当的函数。

```
def draw_metric(G, dct, spring_pos):
  top = 10
  max_nodes = sorted(dct.items(), key=lambda v: -v[1])[:top]
```

```
max_keys = [key for key,_ in max_nodes]
max_vals = [val*300 for _, val in max_nodes]
plt.axis("off")
nx.draw_networkx(G,
                 pos=spring_pos,
                 cmap='Blues',
                 edge_color=default_edge_color,
                 node_color=default_node_color,
                 node_size=3,
                 alpha=0.4,
                 with_labels=False)

    nx.draw_networkx_nodes(G,
                           pos=spring_pos,
                           nodelist=max_keys,
                           node_color=enhanced_edge_color,
                           node_size=max_vals)
```

现在按如下方式调用它。

```
draw_metric(G,bC,spring_pos)
```

其输出如图 6.2 所示。

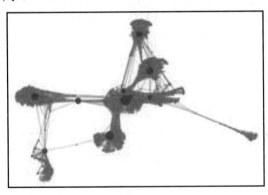

图 6.2　中介中心性

还可以检查每个节点的度中心性（Degree Centrality）。一个节点与其他节点的连接越多，它的度中心性就越高。由于该指标与节点的邻居数量有关，因此通过它可以更清楚地了解节点之间的连接情况。

```
deg_C = nx.degree_centrality(G)
np.mean(list(deg_C.values()))
draw_metric(G,deg_C,spring_pos)
```

其输出如下。

```
0.010819963503439287
```

度中心性的表示如图 6.3 所示。

图 6.3　度中心性

最后来看看接近度中心性（Closeness Centrality）。这将帮助我们了解节点在最短路径时相互靠近的程度。

```
clos_C = nx.closeness_centrality(G)
 np.mean(list(clos_C.values()))
draw_metric(G,clos_C,spring_pos)
```

其输出如下。

```
0.2761677635668376
```

接近度中心性的表示如图 6.4 所示。

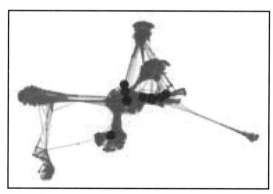

图 6.4　接近度中心性

有趣的是，从中心性分析中可以观察到，每个中心节点似乎都是某种社区的一部分（这是合理的，因为中心节点可能对应于网络的 Ego 节点）。

另外，在这些图中还可以观察到一堆高度互连的节点（特别是在接近度中心性分析中）。这也是让人感兴趣的地方，因此，接下来我们将识别这些社区。

6.3.3 社区检测

由于我们正在执行的是社交网络分析，因此完全有必要探索一下社交网络中非常有趣的图结构之一：社区（Community）。

如果读者使用 Facebook，那么朋友很可能会反映你生活的不同方面：来自教育环境（高中、大学等时期）的朋友、上班时的同事、每周足球比赛的朋友、在聚会上认识的朋友以及亲友圈子等。

社交网络分析的一个有趣方面是自动识别此类群体。这可以自动完成（从拓扑属性推断它们），或半自动完成（利用一些先验见解）。

要执行社区检测，有一个很好的标准是尽量减少社区之间的边（即连接不同社区的成员的边），同时最大化社区之内的边（即连接同一社区内的成员的边）。

可以在 networkx 中执行该操作，具体代码如下。

```
import community
parts = community.best_partition(G)
 values = [parts.get(node) for node in G.nodes()]
n_sizes = [5]*len(G.nodes())
plt.axis("off")
nx.draw_networkx(G, pos=spring_pos, cmap=plt.get_cmap("Blues"),
edge_color=default_edge_color, node_color=values, node_size=n_sizes,
with_labels=False)
```

其输出如图 6.5 所示。

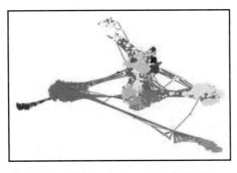

图 6.5　使用 networkx 检测到的社区

在本示例中，调查 Ego 用户是否在检测到的社区中扮演某些角色也很有趣。可以按如下方式增强 Ego 用户节点的大小和颜色。

```
for node in ego_nodes:
   n_sizes[node] = 250
nodes = nx.draw_networkx_nodes(G,spring_pos,ego_nodes,
node_color=[parts.get(node) for node in ego_nodes])
nodes.set_edgecolor(enhanced_node_color)
```

其输出如图 6.6 所示。

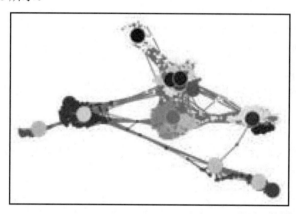

图 6.6　使用 networkx 检测到的社区并增强了 Ego 用户的节点大小

有趣的是，一些 Ego 用户属于同一个社区。这些 Ego 用户可能是 Facebook 上的实际朋友，因此他们的 Ego 网络部分共享。

现在我们已经完成了对图结构的基本理解，可以在网络内部识别一些重要的节点，并且可以看到这些节点所属社区的存在。接下来，可以将这些观察结果应用于有监督和无监督任务的机器学习方法。

6.4　有监督学习和无监督学习任务

如今，社交媒体代表了最有趣和最丰富的信息来源。每天都会出现无数个新连接，不断有新用户加入社区，并分享数十亿个帖子。图以数学方式表示所有这些交互，有助于对所有此类自发流量和非结构化流量进行排序。

在处理社交图时，有许多有趣的问题可以使用机器学习来解决。在正确的设置下，我们可以从大量数据中提取有用的见解，以改进营销策略，识别具有危险行为的用户（如诈骗网络、传销网络和恐怖主义网络），并预测用户阅读新贴文的可能性。

具体而言，链接预测是图领域中一个非常有趣和重要的研究课题。根据社交图中的连接所代表的意义，可以预测未来的边，这样我们就能预测下一个值得推荐的好友、最符合用户意向的电影以及最可能购买的产品。

在第 5 章"使用图机器学习技术解决问题"中已经讨论过，链接预测任务旨在预测两个节点之间未来连接的可能性，并且可以使用多种机器学习算法来解决。

在接下来的示例中，我们将应用有监督和无监督机器学习的图嵌入算法来预测 SNAP Facebook 社交图上的未来连接。此外，还将评估节点特征在预测任务中的贡献。

6.4.1　任务准备

为了执行链接预测任务，有必要先准备一下数据集。该问题将被视为有监督的任务。节点对将作为输入提供给每个算法，而目标将是二元的，即如果两个节点在网络中实际连接，则它们是已连接的，否则就是未连接的。

由于我们的目标是将此问题作为监督学习任务，因此需要创建一个训练和测试数据集。在本示例中，将创建两个节点数相同但边数不同的新子图（因为一些边将被删除并被视为训练/测试算法的正样本）。

stellargraph 库提供了一个有用的工具，用于拆分数据并创建训练和测试简化子图。这个过程在第 5 章"使用图机器学习技术解决问题"中已经讨论过。

```
from sklearn.model_selection import train_test_split
from stellargraph.data import EdgeSplitter
from stellargraph import StellarGraph
edgeSplitter = EdgeSplitter(G)
graph_test, samples_test, labels_test = edgeSplitter.train_test_split
(p=0.1, method="global", seed=24)
edgeSplitter = EdgeSplitter(graph_test, G)
 graph_train, samples_train,labels_train = edgeSplitter.train_test_split
(p=0.1, method="global", seed=24)
```

本示例使用了 EdgeSplitter 类来提取 G 中所有边的一部分（p=10%），以及相同数量的负边，以获得简化图 graph_test。

train_test_split()方法还可返回一个节点对列表 samples_test（其中每个节点对将对应于图中存在或不存在的边），以及一个与 samples_test 列表长度相同的二元目标列表（labels_test）。

然后，在简化图中重复操作以获得另一个简化图 graph_train，以及相应的 samples_

train 和 labels_train 列表。

我们将比较以下 3 种不同的预测缺失边的方法。

- [ ] 方法 1：在无监督任务中，使用 node2vec 学习节点嵌入。学习到的嵌入将用作有监督分类算法的输入，以确定输入对是否实际连接。
- [ ] 方法 2：使用基于图神经网络（GNN）的算法 GraphSAGE 来联合学习嵌入并执行分类任务。
- [ ] 方法 3：从图中提取人工设计的特征，并与节点的 ID 一起用作有监督分类器的输入。

接下来，让我们逐一实现。

6.4.2　基于 node2vec 的链接预测

请按以下步骤操作。

（1）在无监督任务中，使用 node2vec 来生成节点嵌入。这可以使用 node2vec Python 实现来完成，示例代码如下。

```
from node2vec import Node2Vec
node2vec = Node2Vec(graph_train)
model = node2vec.fit()
```

在第 5 章"使用图机器学习技术解决问题"中已经讨论过该操作。

（2）使用 HadamardEmbedder 为每对嵌入节点生成嵌入。这些特征向量将用作训练分类器的输入。

```
from node2vec.edges import HadamardEmbedder

edges_embs = HadamardEmbedder(keyed_vectors=model.wv)
 train_embeddings = [edges_embs[str(x[0]),str(x[1])] for
x in samples_train]
```

（3）现在可以训练有监督分类器了。本示例将使用 RandomForest 分类器，这是一种强大的基于决策树的集成算法。

```
from sklearn.ensemble import RandomForestClassifier
from sklearn import metrics
rf = RandomForestClassifier(n_estimators=10)
 rf.fit(train_embeddings, labels_train);
```

（4）应用已经训练的模型来创建测试集的嵌入。

```
edges_embs = HadamardEmbedder(keyed_vectors=model.wv)
test_embeddings = [edges_embs[str(x[0]),str(x[1])] for x
in samples_test]
```

（5）现在可以使用已经训练的模型对测试集进行预测。

```
y_pred = rf.predict(test_embeddings)
print('Precision:', metrics.precision_score(labels_test, y_pred))
print('Recall:', metrics.recall_score(labels_test, y_pred))
print('F1-Score:', metrics.f1_score(labels_test, y_pred))
```

（6）其输出如下。

```
Precision: 0.9701333333333333
Recall: 0.9162573983125551
F1-Score: 0.9424260086781945
```

可以看到，这个分数还是不错的。基于 node2vec 的嵌入已经为实际预测组合 Facebook Ego 网络上的链接提供了强大的表示。

6.4.3　基于 GraphSAGE 的链接预测

接下来，我们将使用 GraphSAGE 来学习节点嵌入和给边分类。我们将构建一个两层的 GraphSAGE 架构，给定已标记的节点对，输出一对节点的嵌入。然后，使用全连接的神经网络来处理这些嵌入并产生链接预测。

请注意，GraphSAGE 模型和全连接网络将进行端到端的连接和训练，因此嵌入学习阶段会受到预测的影响。

1．无特征的方法

在开始之前，可以回忆一下第 4 章 "有监督图学习" 和第 5 章 "使用图机器学习技术解决问题" 中的介绍，GraphSAGE 需要节点描述符（特征）。此类特征在用户的数据集中可能可用，也可能不可用。因此，这里先从节点特征不可用开始分析。

在这种情况下，有一种常见的方法是为每个节点分配一个长度为$|V|$的独热特征向量（$|V|$就是图中的节点数），其中只有给定节点对应的单元为 1，其余单元为 0。

这可以在 Python 和 networkx 中完成，示例代码如下。

```
eye = np.eye(graph_train.number_of_nodes())
fake_features = {n:eye[n] for n in G.nodes()}
nx.set_node_attributes(graph_train, fake_features, "fake")
eye = np.eye(graph_test.number_of_nodes())
fake_features = {n:eye[n] for n in G.nodes()}
```

```
nx.set_node_attributes(graph_test, fake_features, "fake")
```

上述代码片段执行了以下操作。

（1）创建了一个大小为|N|的单位矩阵。矩阵的每一行都是图中每个节点所需的独热（One-Hot）向量。

（2）创建一个 Python 字典，其中，对于每个 nodeID（用作键），分配先前创建的单位矩阵的对应行。

（3）将该字典传递给 networkx set_node_attributes 函数，以将假（fake）特征分配给 networkx 图中的每个节点。

请注意，该过程对训练图和测试图均重复进行。

接下来需要定义用于馈送模型的生成器（Generator）。为此可以使用 stellargraph GraphSAGELinkGenerator，它实际上是为模型提供节点对作为输入。

```
from stellargraph.mapper import GraphSAGELinkGenerator
batch_size = 64
num_samples = [4, 4]
# 为 stellargraph 转换 graph_train 和 graph_test
sg_graph_train = StellarGraph.from_networkx(graph_train,
node_features="fake")
sg_graph_test = StellarGraph.from_networkx(graph_test,
node_features="fake")
train_gen = GraphSAGELinkGenerator(sg_graph_train, batch_size,
num_samples)
 train_flow = train_gen.flow(samples_train, labels_train,
shuffle=True, seed=24)
test_gen = GraphSAGELinkGenerator(sg_graph_test, batch_size,
num_samples)
 test_flow = test_gen.flow(samples_test, labels_test, seed=24)
```

请注意，我们还需要定义 batch_size（每个 minibatch 的输入的数量）以及 GraphSAGE 应该考虑的第一跳和第二跳邻居样本的数量。

现在可以创建模型。

```
from stellargraph.layer import GraphSAGE, link_classification
from tensorflow import keras
layer_sizes = [20, 20]
graphsage = GraphSAGE(layer_sizes=layer_sizes,
generator=train_gen, bias=True, dropout=0.3)
x_inp, x_out = graphsage.in_out_tensors()
# 定义链接分类器
prediction = link_classification(output_dim=1,
```

```
output_act="sigmoid", edge_embedding_method="ip")(x_out)
model = keras.Model(inputs=x_inp, outputs=prediction)
model.compile(
    optimizer=keras.optimizers.Adam(lr=1e-3),
    loss=keras.losses.mse,
    metrics=["acc"],
)
```

在上述代码中，创建了一个 GraphSAGE 模型，其中包含两个大小为 20 的隐藏层，每个隐藏层都有一个偏置（Bias）项和一个用于减少过拟合的 dropout 层。

然后，模块的 GraphSAGE 部分的输出与一个 link_classification 层连接，该层采用成对的节点嵌入（GraphSAGE 的输出），使用二元运算符产生边嵌入——本示例使用的二元运算是内积（Inner Product），故 edge_embedding_method="ip"。

最后，通过一个全连接的神经网络传递它们以进行分类。

该模型采用的优化器为 Adam，学习率设置为 1e-3，损失函数为均方误差（Mean Squared Error，MSE）。

使用以下代码对该模型进行 10 个 Epoch 的训练。

```
epochs = 10
history = model.fit(train_flow, epochs=epochs, validation_data=test_flow)
```

其输出如下。

```
Epoch 18/20
loss: 0.4921 - acc: 0.8476 - val_loss: 0.5251 - val_acc: 0.7884
Epoch 19/20
loss: 0.4935 - acc: 0.8446 - val_loss: 0.5247 - val_acc: 0.7922
Epoch 20/20
loss: 0.4922 - acc: 0.8476 - val_loss: 0.5242 - val_acc: 0.7913
```

训练完成后，计算一下测试集的性能指标。

```
from sklearn import metrics
y_pred = np.round(model.predict(train_flow)).flatten()
print('Precision:', metrics.precision_score(labels_train, y_pred))
print('Recall:', metrics.recall_score(labels_train, y_pred))
print('F1-Score:', metrics.f1_score(labels_train, y_pred))
```

其输出如下。

```
Precision: 0.7156476303969199
Recall: 0.983125550938169
F1-Score: 0.8283289124668435
```

可以看到，该模型的性能低于在基于 node2vec 的方法中获得的性能。当然，这可能是因为我们使用的是假节点特征，还没有考虑真正的节点特征。真节点特征可能是一个很好的信息来源。因此，在接下来的测试中，我们将引入节点特征。

2. 引入节点特征

为组合的 Ego 网络提取节点特征的过程非常冗长。这是因为，每个 Ego 网络都使用多个文件以及所有的特征名称和值来描述。我们编写了一些有用的函数来解析所有 Ego 网络以提取节点特征。读者可以在本书 GitHub 存储库提供的 Python Notebook 中找到它们的实现。其工作原理如下。

- ❏ load_features 函数：解析每个 Ego 网络并创建两个字典。
  - ➤ feature_index，将数字索引映射到特征名称。
  - ➤ inverted_feature_indexes，将名称映射到数字索引。
- ❏ parse_nodes 函数：接收组合的 Ego 网络 G 和 Ego 节点的 ID。然后，网络中的每个 Ego 节点都被分配有先前使用 load_features 函数加载的相应特征。

现在调用它们，以便为组合的 Ego 网络中的每个节点加载一个特征向量。

```
load_features()
parse_nodes(G, ego_nodes)
```

可以通过打印网络中一个节点的信息（例如 ID 为 0 的节点）来轻松检查结果。

```
print(G.nodes[0])
```

其输出如下。

```
{'features': array([1., 1., 1., ..., 0., 0., 0.])}
```

可以看到，该节点有一个字典，其中包含一个名为 features 的键。对应的值就是分配给该节点的特征向量。

现在可重复之前训练 GraphSAGE 模型的相同步骤，只不过这次在将 networkx 图转换为 StellarGraph 格式时使用 features 作为键，具体代码如下。

```
sg_graph_train = StellarGraph.from_networkx(graph_train,
node_features="features")
sg_graph_test = StellarGraph.from_networkx(graph_test,
node_features="features")
```

最后创建生成器，编译模型，并对其进行 10 个 Epoch 的训练。

```
train_gen = GraphSAGELinkGenerator(sg_graph_train, batch_size,
```

```
num_samples)
train_flow = train_gen.flow(samples_train, labels_train,
shuffle=True, seed=24)
test_gen = GraphSAGELinkGenerator(sg_graph_test, batch_size,
num_samples)
test_flow = test_gen.flow(samples_test, labels_test, seed=24)
layer_sizes = [20, 20]
graphsage = GraphSAGE(layer_sizes=layer_sizes, generator=train_gen,
bias=True, dropout=0.3)
x_inp, x_out = graphsage.in_out_tensors()
prediction = link_classification(output_dim=1, output_act="sigmoid",
edge_embedding_method="ip")(x_out)
model = keras.Model(inputs=x_inp, outputs=prediction)
model.compile(
    optimizer=keras.optimizers.Adam(lr=1e-3),
    loss=keras.losses.mse,
    metrics=["acc"],
)
epochs = 10
history = model.fit(train_flow, epochs=epochs, validation_data =
test_flow)
```

请注意，这里我们使用了相同的超参数（包括层数、批大小和学习率）以及随机种子，以确保模型之间的公平比较。

其输出如下。

```
Epoch 18/20
loss: 0.1337 - acc: 0.9564 - val_loss: 0.1872 - val_acc: 0.9387
Epoch 19/20
loss: 0.1324 - acc: 0.9560 - val_loss: 0.1880 - val_acc: 0.9340
Epoch 20/20
loss: 0.1310 - acc: 0.9585 - val_loss: 0.1869 - val_acc: 0.9365
```

评估一下模型性能。

```
from sklearn import metrics
y_pred = np.round(model.predict(train_flow)).flatten()
print('Precision:', metrics.precision_score(labels_train, y_pred))
print('Recall:', metrics.recall_score(labels_train, y_pred))
print('F1-Score:', metrics.f1_score(labels_train, y_pred))
```

其输出如下。

```
Precision: 0.7895418326693228
```

```
Recall: 0.9982369978592117
F1-Score: 0.8817084700517213
```

可以看到，引入真正的节点特征确实带来了很好的改进，当然，它的性能仍然不敌使用 node2vec 方法实现的模型。

接下来，我们将评估一种浅层嵌入方法，将人工设计的特征用于训练有监督分类器。

6.4.4　人工设计特征以执行链接预测

在第 4 章"有监督图学习"中已经介绍过，浅层嵌入方法是一种处理有监督任务的简单而强大的方法。其基本原理是，对于每个输入的边，我们将计算一组指标，这些指标将作为分类器的输入。

💡 提示：

人工设计（Hand-Crafted）特征的方法与端到端（End-to-End）方法是相对的。端到端方法意味着只有输入端和输出端，输入原始数据，即可输出结果，如前文所述，GraphSAGE 模型和全连接网络进行的就是端到端的连接和训练；而人工设计方法则需要人为定义特征，然后使用该特征作为输入。

在本示例中，对于表示为一对节点(u,v)的每个输入边，将考虑 4 个度量。

- ❑ 最短路径：u 和 v 之间最短路径的长度。如果 u 和 v 通过一条边直接相连，则在计算最短路径之前将删除这条边。如果无法从 v 访问 u，则将使用值 0。
- ❑ 杰卡德系数（Jaccard Coefficient）：给定一对节点(u,v)，它被定义为 u 和 v 的邻居集的交并比（Intersection over Union，IoU）。

    形式上，令 s(u)是节点 u 的邻居集，s(v)是节点 v 的邻居集，则有：

    $$j(u,v) = \frac{s(u) \bigcap s(v)}{s(u) \bigcup s(v)}$$

- ❑ u 中心性：为节点 v 计算的度中心性。
- ❑ v 中心性：为节点 u 计算的度中心性。

u 社区：使用 Louvain 启发式算法分配给节点 u 的社区 ID。

v 社区：使用 Louvain 启发式算法分配给节点 v 的社区 ID。

我们已经编写了一个实用函数来使用 Python 和 networkx 计算这些指标。可以在本书 GitHub 存储库提供的 Python Notebook 中找到该实现。

首先计算训练和测试集中每条边的特征，示例代码如下。

```
feat_train = get_hc_features(graph_train, samples_train, labels_train)
```

```
feat_test = get_hc_features(graph_test, samples_test, labels_test)
```

在浅层嵌入方法中，这些特征将直接用作随机森林分类器（RandomForestClassifier）的输入。其 scikit-learn 实现代码如下。

```
from sklearn.ensemble import RandomForestClassifier
from sklearn import metrics
rf = RandomForestClassifier(n_estimators=10)
rf.fit(feat_train, labels_train);
```

上述代码使用了之前计算的边特征自动实例化和训练 RandomForestClassifier。
现在可以按以下方式计算其性能。

```
y_pred = rf.predict(feat_test)
print('Precision:', metrics.precision_score(labels_test, y_pred))
print('Recall:', metrics.recall_score(labels_test, y_pred))
print('F1-Score:', metrics.f1_score(labels_test, y_pred))
```

其输出结果如下。

```
Precision: 0.9636952636282395
Recall: 0.9777853337866939
F1-Score: 0.9706891701828411
```

令人惊讶的是，基于人工设计特征的浅层嵌入方法比其他方法的表现都要好。

6.4.5　结果汇总

在前面的示例中，我们训练了 3 种学习算法，包括有监督和无监督任务的区别，以及链接预测的有用嵌入等。表 6.1 汇总了训练的结果。

表 6.1　链接预测任务取得的结果总结

算　　法	嵌　　入	节 点 特 征	精确率 （Precision）	召回率 （Recall）	F1 值 （F1-Score）
node2vec	无监督	无	0.97	0.92	0.94
GraphSAGE	有监督	是	0.72	0.98	0.83
GraphSAGE	有监督	无	0.79	1.00	0.88
浅层嵌入	人工设计	无	0.96	0.98	0.97

如表 6.1 所示，基于 node2vec 的方法已经能够在无监督和无节点信息的情况下实现高水平的性能。如此高的结果可能与组合 Ego 网络的特定结构有关。
由于网络的高度子模块性（因为它是由若干个 Ego 网络组成的），预测两个用户是

否会连接可能与两个候选节点在网络内部的连接方式高度相关。例如，可能存在一种系统情况，其中两个用户都连接到同一个 Ego 网络中的多个用户，也有很高的连接机会。另一方面，属于不同 Ego 网络或彼此相距很远的两个用户可能无法连接，从而使预测任务更容易。使用浅层嵌入方法获得的较高结果也证实了这一点。

相反，对于像 GraphSAGE 这样更复杂的算法，这种情况可能会造成问题，尤其是在涉及节点特征时。例如，两个用户可能有相似的兴趣，使他们非常相似。但是，他们可能属于不同的 Ego 网络，其中相应的 Ego 用户生活在世界的两个截然不同的地方。因此，类似用户原则上应该是连接的，但他们其实毫无关联。

当然，这些算法也有可能预测的是未来结果。别忘了，目前组合的 Ego 网络只是给定时间段内特定情况的时间戳，谁知道它未来是如何进化的呢？

解释机器学习算法可能是机器学习本身最有趣的挑战之一。出于这个原因，我们建议读者深入研究数据集并谨慎解释结果。

最后要注意的是，每个算法都没有针对本演示的目的进行调整。通过适当调整超参数也许可以获得不同的结果，强烈建议读者进行这种尝试。

6.5　小　　结

本章详细讨论了如何将机器学习应用于社交网络图上的实际任务，演示了如何在 SNAP Facebook 合并的 Ego 网络上预测未来的连接。

我们复习了图分析概念并使用图的派生指标来获得对社交图的见解。然后，在链接预测任务上对多种机器学习算法进行了基准测试，评估它们的性能并试图给出对它们的解释。

第 7 章将重点讨论如何使用文本分析和自然语言处理（NLP）来分析文档语料库。

第7章　使用图进行文本分析和自然语言处理

现代社会的大量信息都是以自然书面语言的文本形式呈现的，比如读者正在阅读的这本书就是如此。我们每天阅读的新闻、撰写的博客文章或论坛的贴文、提交的报告或发送的电子邮件等，这些都是通过书面文件和文本交换信息的示例。与语言交流或打手势等直接互动相比，这无疑是最常见的间接互动方式。因此，能够利用此类信息并从文档和文本中提取见解至关重要。

以这种形式存在的大量信息决定了自然语言处理（Natural Language Processing，NLP）领域的巨大发展前景。

本章将展示如何处理自然语言文本，并讨论一些能够构建文本信息的基本模型。我们将演示如何使用从文档语料库中提取的信息创建网络以进行分析。特别是，我们将使用已标记语料库展示如何开发有监督算法（分类模型对预先确定主题中的文档进行分类）和无监督算法（通过社区检测发现新主题）。

本章包含以下主题。

❑　提供数据集的快速概览。

❑　了解自然语言处理（NLP）中使用的主要概念和工具。

❑　从文档语料库创建图。

❑　构建文档主题分类器。

7.1　技　术　要　求

本书所有练习都使用了包含 Python 3.8 的 Jupyter Notebook。以下代码片段显示了本章将使用 pip 安装的 Python 库列表。其使用方法为，在命令行中运行 pip install networkx==2.5 等。

```
networkx==2.4
scikit-learn==0.24.0
stellargraph==1.2.1
spacy==3.0.3
pandas==1.1.3
numpy==1.19.2
node2vec==0.3.3
```

```
Keras==2.0.2
tensorflow==2.4.1
communities==2.2.0
gensim==3.8.3
matplotlib==3.3.4
nltk==3.5
fasttext==0.9.2
```

与本章相关的所有代码文件都可以在以下网址获得。

https://github.com/PacktPublishing/Graph-Machine-Learning/tree/main/Chapter07

7.2　提供数据集的快速概览

为了展示如何处理文档语料库以提取相关信息，我们将使用源自 NLP 领域著名基准的数据集（这个著名基准数据集就是所谓的 Reuters-21578）。原始数据集包括 1987 年在路透社金融新闻专线上发表的 21578 篇新闻文章，这些文章按类别进行了汇总和索引。原始数据集的分布非常倾斜，某些类别仅出现在训练集或测试集中。出于这个原因，我们将使用一个修改版本，称为 ApteMod，也称为 Reuters-21578 Distribution 1.0，它在训练和测试数据集之间具有更小的偏斜分布和一致性的标签。

尽管这些文章有点过时，但该数据集已被用于 NLP 的大量论文中，并且仍然代表了一个常用于基准算法的数据集。

事实上，Reuters-21578 包含足够的文档来进行有趣的后处理和见解挖掘。现在可以轻松找到包含大量文档的语料库，有关常见语料库的详细信息，可访问以下网址。

https://github.com/niderhoff/nlp-datasets

这些语料库可能需要更大的存储空间和算力才能处理。在第 9 章"构建数据驱动的图应用程序"中，将介绍一些可用于扩展应用程序和分析的工具和库。

Reuters-21578 数据集的每个文档都提供了一组代表其内容的标签。这使其成为测试有监督和无监督算法的完美基准。Reuters-21578 数据集可以使用 nltk 库（这是一个非常有用的后处理文档库）轻松下载。

```
from nltk.corpus import reuters
corpus = pd.DataFrame([
    {
    "id": _id,
    "text": reuters.raw(_id).replace("\n", ""),
```

```
    "label": reuters.categories(_id)
    }
    for _id in reuters.fileids()
])
```

检查 corpus DataFrame 时可以发现，ID 的格式为 training/{ID} 和 test/{ID}，这清楚地说明了应该使用哪些文档进行训练和测试。

首先可以列出所有主题，并使用以下代码查看每个主题有多少文档。

```
from collections import Counter
Counter([label for document_labels in corpus["label"] for label
in document_labels]).most_common()
```

Reuters-21578 数据集包括 90 个不同的主题类别，并且类别之间存在严重的不平衡，其中近 37% 的文档属于 most common（最常见）类别，而 5 个最不常见类别中的每一个类别仅占 0.01%。另外，检查文本可以发现，一些文档嵌入了一些换行符，因此可以在文本清洗阶段将它们轻松删除。

```
corpus["clean_text"] = corpus["text"].apply(
    lambda x: x.replace("\n", "")
)
```

现在我们已经将数据加载到内存中，可以开始分析了。

接下来，我们将向读者展示一些可用于处理非结构化文本数据的主要工具。它们可帮助我们提取结构化信息，以便日后使用。

7.3　自然语言处理的主要概念和工具

在处理文档时，第一个分析步骤是推断文档语言。事实上，在自然语言处理（NLP）任务中使用的大多数分析引擎都是针对特定语言的文档进行训练的，并且应该仅用于这种语言。一些构建跨语言模型的尝试最近越来越受欢迎，但它们仍然只能代表 NLP 模型的一小部分。有关多语言嵌入的详细信息，可访问以下网址。

https://fasttext.cc/docs/en/aligned-vectors.html

https://github.com/google-research/bert/blob/master/multilingual.md

因此，首先推断语言以便可以使用正确的下游分析 NLP 管道是很常见的。

可以使用不同的方法来推断语言。例如，有一种非常简单而有效的方法是寻找语言中最常见的词（所谓的停用词，如 the、and、be、to、of 等）并根据它们的频率建立一个分数。然而，它的精确度往往仅限于短文本，并且没有利用单词的位置和上下文。

另外，Python 有许多使用更复杂逻辑的库，使我们能够以更精确的方式推断语言。这样的库如 fasttext、polyglot 和 langdetect 等。

以下代码使用了 fasttext，它可以用很少的行集成并提供对 150 多种语言的支持。可以使用以下代码段为所有文档推断语言。

```
from langdetect import detect
import numpy as np
def getLanguage(text: str):
    try:
        return langdetect.detect(text)
    except:
        return np.nan
corpus["language"] = corpus["text"].apply(langdetect.detect)
```

正如读者将在输出中看到的，该 corpus 中似乎有非英语的文档。事实上，这些文件通常要么很短，要么结构很奇怪，这意味着它们并不是真正的新闻文章。当文档表示人类可阅读并标记为新闻的文本时，该模型通常相当精确和准确。

现在我们已经推断出语言，可以继续执行文本分析管道中依赖于语言的步骤。

对于以下任务，我们将使用 spaCy，它是一个非常强大的库，允许用很少的代码行嵌入最先进的 NLP 模型。

使用 pip install spaCy 安装库后，可以通过使用 spaCy download 实用程序简单地安装特定语言模型来集成它们。例如，可使用以下命令下载和安装英文模型。

```
python -m spacy download en_core_web_sm
```

现在，我们已经为使用英语的语言模型做好了准备。不妨来看看它可以提供哪些信息。

使用 spaCy 非常简单，只需使用一行代码，就可以将计算嵌入为一组非常丰富的信息。让我们首先将该模型应用于路透社语料库中的以下文档。

SUBROTO SAYS INDONESIA SUPPORTS TIN PACT EXTENSION

Mines and Energy Minister Subroto confirmed Indonesian support for an extension of the sixth International Tin Agreement (ITA), but said a new pact was not necessary. Asked by Reuters to clarify his statement on Monday in which he said the pact should be allowed to lapse, Subroto said Indonesia was ready to back extension of the ITA. "We can support extension of the sixth agreement," he said. "But a seventh accord we believe to be unnecessary."

The sixth ITA will expire at the end of June unless a two-thirds majority of members vote for an extension.

spaCY 的应用非常简单，只需加载模型并将其应用于文本即可。

```
nlp = spacy.load('en_core_web_md')
parsed = nlp(text)
```

spaCY 返回的 parsed 对象具有多个字段，这是由于许多模型被组合成单个管道。这提供了不同级别的文本结构。下面我们来仔细研究一下。

7.3.1　文本分割和分词

文本分割（Text Segmentation）和分词（Tokenization，也称为标记化）是一个旨在将文档拆分为句号、句子和单个单词（或标记）的过程。此步骤对于所有后续分析非常重要，并且通常利用标点符号、空格和换行符来推断最佳文档分割。

spaCY 中提供的分割引擎通常工作得很好。当然，根据上下文，可能需要进行一些模型调整或规则修改。例如，当用户处理包含俚语、表情符号、链接和主题标签的短文本时，文本分割和标记化的更好选择可能是 TweetTokenizer，它包含在 nltk 库中。根据上下文，我们鼓励读者探索其他可能的分割工具。

在 spaCY 返回的文档中，可以在 parsed 对象的 sents 属性中找到句子切分。只需使用以下代码，即可迭代处理每个句子。

```
for sent in parsed.sents:
    for token in sent:
        print(token)
```

每个标记都是一个 spaCy Span 对象，该对象具有指定标记类型的属性，并且可以通过其他模型进一步特征化。

7.3.2　词性标记器

一旦文本被分成单个词（也称为标记），下一步是将每个标记与一个词性（Part-of-Speech，PoS）标签相关联，这由词性标记器（Part-of-Speech Tagger）来执行。

词性也就是语法上的类型。推断的标签通常是名词（Nouns）、动词（Verbs）、助动词（Auxiliary Verbs）和形容词（Adjectives）等。

用于 PoS 标记的引擎通常是经过训练的模型，可以根据大型标记语料库对标记进行分类，其中每个标记都有一个关联的 PoS 标签。通过实际数据的训练，它们将学会识别语言中的常见模式。例如，单词 the（这是一个定冠词，DET）通常后跟一个名词，以此类推。

使用 spaCy 时,通常会在 Span 对象的 label_ 属性中存储有关 PoS 标签的信息。有关可用的标签类型,可访问以下网址。

https://spacy.io/models/en

反过来,也可以使用 spacy.explain 函数将给定词性类型转换为人类可读的值。

7.3.3　命名实体识别

命名实体识别(Named Entity Recognition,NER)分析步骤通常是一个统计模型,经过训练可以识别文本中出现的名词类型。

命名实体的一些常见示例是 Organization(组织)、Person(人员)、Geographic Location and Addresses(地理位置和地址)、Products(产品)、Numbers(数字)和 Currencies(货币)。

给定上下文(周围的词)以及使用的介词,模型将推断出最可能的实体类型(如果有的话)。与 NLP 管道的其他步骤一样,这些模型通常也使用大型标记数据集进行训练,它们可从中学习常见模式和结构。

在 spaCy 中,文档实体的信息通常存储在 parsed 对象的 ents 属性中。spaCy 还提供了一些实用程序来使用 display 模块很好地可视化文本中的实体。

```
displacy.render(parsed, style='ent', jupyter=True)
```

以上语句的输出如图 7.1 所示。

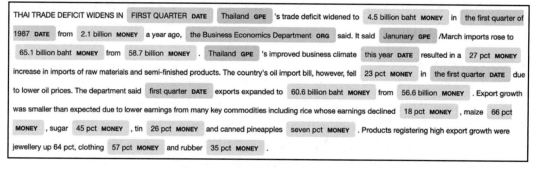

图 7.1　NER 引擎的 spaCy 输出示例

7.3.4　依存解析器

依存解析器(Dependency Parser)是一个非常强大的引擎,可以推断句子中标记之间的关系。它的作用主要是允许构建单词相互关联的句法树。

根标记（所有其他标记所依赖的标记）通常是句子的主要动词，它涉及主语和宾语。主语和宾语又可以与其他句法标记相关，如所有格代词、形容词和/或冠词。

此外，动词除了主语和宾语，还可以与介词以及其他从属谓词相关。现在来看一个来自 spaCy 网站的简单示例。

Autonomous cars shift insurance liability towards manufacturers

该语句的中文含义是"自动驾驶汽车将保险责任转移给制造商"。图 7.2 显示了上述示例的依赖关系树。在这里，我们可以看到主要动词（或词根）shift 通过主宾关系与 cars（主语）和 liability（宾语）相关。它还支持 towards 介词。同样，其余的名词/形容词（Autonomous、insurance 和 manufacturers）与主语、宾语或介词有关。

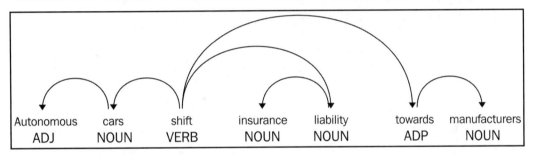

图 7.2　spaCy 提供的句法依赖树示例

因此，spaCY 可用于构建一个句法树，该树可以被导航以识别标记之间的关系。我们很快就会看到，这些信息在构建知识图谱时非常重要。

7.3.5　词形还原器

分析流程的最后一步是所谓的词形还原器（Lemmatizer），它允许将单词简化为一个共同的词根，以提供一个更清晰的版本，从而减少单词的形态变化。

以动词 to be 为例，它可以有许多形态变化，如 is、are 和 was 等，所有这些都是不同的有效形式。

现在，考虑 car 和 cars 之间的区别。在大多数情况下，我们对这些由形态学引入的微小差异并不感兴趣。词形还原器可帮助我们将标记减少到它们常见的、稳定的形式，以便可以轻松地处理它们。

一般来说，词形还原器基于一组规则，这些规则可将特定单词（及其动词变化形式、复数、变形等）与一个共同的词根形式相关联。更复杂的实现还可以使用上下文和词性

（PoS）标记信息来使同形异义词更可靠。

词干提取器（Stemmers）有时用来代替词形还原器。词干提取器通常会删除单词的最后一部分以处理变形和派生差异，而不是将单词与常见的词根形式相关联。词干提取器通常更简单一些，并且将基于一组规则来删除特定模式，而不考虑词法和句法信息。

在 spaCy 中，可以通过 lemma_属性在 Span 对象中找到标记的词形还原版本。

如图 7.2 所示，可以轻松集成 spaCy 管道来处理整个语料库并将结果存储在 corpus DataFrame 中。

```
nlp = spacy.load('en_core_web_md')
sample_corpus["parsed"] = sample_corpus["clean_text"]\.apply(nlp)
```

该 DataFrame 可表示文档的结构化信息，这是所有后续分析的基础。

接下来，我们将演示如何在使用这些信息的同时构建图。

7.4　从文档语料库创建图

本节将使用 7.3 节通过不同文本引擎提取的信息来构建关联不同信息的网络。特别地，我们将关注以下两种图。

❑　基于知识的图：在此类图中可使用句子的语义来推断不同实体之间的关系。

❑　二分图：在此类图中可将文档连接到出现在文本中的实体。然后，将二分图投影到同构图中，该图将仅由文档或实体节点组成。

7.4.1　知识图

知识图（Knowledge Graph，也称为知识图谱）非常有趣，因为它们不仅关联实体，还为关系提供方向和意义。例如，来看以下关系。

我 (->) 买 (->) 书

这和下面的关系有本质区别。

我 (->) 卖 (->) 书

除这种关系（买或卖）外，有一个方向也很重要，在这个方向上，主语和宾语是不能对称看待的，它们一个是动作执行者（主语），一个是动作执行的目标（宾语）。

因此，要创建知识图谱，需要一个可以识别每个句子的主谓宾（Subject-Verb-Object，SVO）三元组的函数，然后将此函数应用于语料库中的所有句子，最后可以聚合所有的三元组以生成相应的图。

　　主谓宾（SVO）提取器可以在 spaCy 模型提供的富集（Enrichment）之上实现。事实上，依赖树解析器（Dependency Tree Parser）提供的标记对于分离主句和它们的从句以及识别 SOV 三元组非常有帮助。业务逻辑可能需要考虑一些特殊情况（例如连词、否定和介词处理），但这可以用一组规则进行编码。

　　此外，这些规则也可能会发生变化，具体取决于特定的用例，包含一些可调整的变体。此类规则的基本实现可在以下网址找到。

https://github.com/Nschrading/intro-spacy-nlp/blob/master/subject_object_extraction.py

　　主谓宾提取器已经被接受并包含在本书提供的 GitHub 存储库中。使用此辅助函数，可以计算语料库中的所有三元组并将它们存储在 corpus DataFrame 中。

```
from subject_object_extraction import findSVOs
corpus["triplets"] = corpus["parsed"].apply(
    lambda x: findSVOs(x, output="obj")
)
edge_list = pd.DataFrame([
    {
        "id": _id,
        "source": source.lemma_.lower(),
        "target": target.lemma_.lower(),
        "edge": edge.lemma_.lower()
    }
    for _id, triplets in corpus["triplets"].iteritems()
    for (source, (edge, neg), target) in triplets
])
```

　　连接的类型（由句子的主谓词决定）存储在 edge 列中。可以使用以下命令显示前 10 个最常见的关系。

```
edges["edge"].value_counts().head(10)
```

　　最常见的边类型对应于非常基本的谓词。事实上，使用非常笼统的动词（如 be、have、tell 和 give），还可以找到与财务上下文更相关的谓词（如 buy、sell 和 make）。

　　有了这些边之后，现在可以使用 networkx 效用函数创建基于知识的图。

```
G = nx.from_pandas_edgelist(
    edges, "source", "target",
    edge_attr=True, create_using=nx.MultiDiGraph()
)
```

　　通过过滤 edges DataFrame 并使用此信息创建子网，我们可以分析特定的关系类型，如 lend 边。

```
G=nx.from_pandas_edgelist(
    edges[edges["edge"]=="lend"], "source", "target",
    edge_attr=True, create_using=nx.MultiDiGraph()
)
```

图 7.3 显示了基于借贷（lend）关系的子图。可以看到，它已经提供了有趣的经济见解，例如 Venezuela（委内瑞拉）-Ecuador（厄瓜多尔）和 US（美国）-Sudan（苏丹）等国家/地区之间的经济关系。

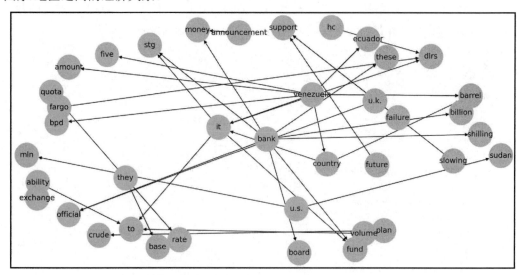

图 7.3　与借贷关系相关的边的知识图部分示例

读者可以尝试修改上述代码示例，基于其他关系来过滤图，以便从刚刚创建的知识图中获得更多有趣的见解。

接下来，我们将演示另一种方法，即从文本中提取信息并将其编码为图结构。

7.4.2　二分图

知识图可以揭示和查询实体上的聚合信息。但是，在其他情况下，知识图可能并不是很有用。例如，当用户想要对文档进行语义聚类时，知识图可能不是最适合使用和分析的数据结构。知识图在寻找间接关系（如识别竞争对手、类似产品等）方面也不是很有效，因为这些关系不经常出现在同一个句子中，但经常出现在同一个文档中。

为了突破这些局限，可以按二分图（Bipartite Graph，也称为二部图）的形式对文档中存在的信息进行编码（参见 1.3.4 节"二分图"）。

对于每个文档，我们将提取最相关的实体，并将某个代表该文档的节点连接到所有代表该文档中的相关实体的节点。每个节点可能有多个关系：根据定义，每个文档连接多个实体，一个实体可以在多个文档中被引用。

交叉引用可用于创建实体和文档之间相似性的度量。这种相似性还可用于将二分图投影到一组特定的节点中——可以是文档节点，也可以是实体节点。

为了构建二分图，需要提取文档的相关实体。这里的术语"相关实体"（Relevant Entity）的含义显然是模糊而广泛的。在当前上下文中，我们将相关实体视为命名实体（例如由 NER 引擎识别的组织、人员或位置）或关键字，即可标识并概括描述文档及其内容的词（或词的组合）。例如，本书合适的关键词可能是"图""网络""机器学习""有监督模型""无监督模型"等。

目前已经有许多从文档中提取关键字的算法。一种非常简单的方法是基于所谓的 TF-IDF 分数，它可以为每个标记（或标记组，通常称为 Grams）建立一个分数。TF-IDF 是一种用于信息检索与数据挖掘的常用加权技术。TF 指的是词频（Term Frequency），即某一个给定的单词在文档中出现的次数；IDF 指的是逆文本频率（Inverse Document Frequency），其计算公式为

$$\frac{c_{i,j}}{\sum c_{i,j}} \cdot \log \frac{N}{1+D_i}$$

其中，$c_{i,j}$ 表示文档 j 中单词 i 的数量，N 表示语料库中的文档数，D_i 是出现单词 i 的文档数。需要注意的是，一些通用的词语对于主题并没有太大的作用，反倒是一些出现频率较少的词才能够表达文章的主题，所以单纯使用 TF 并不合适。权重的设计必须满足：一个词预测主题的能力越强，其权重越大，反之，权重越小。在所有统计的文章中，一些词只是在其中很少几篇文章中出现，那么这样的词对文章主题的作用反而很大，这些词的权重应该设计得较大。IDF 的意义就是完成这样的工作，它可以"惩罚"（Penalize）常见的单词。因此，TF-IDF 可以过滤掉常见的词语，保留重要的词语。

还有一些更复杂的算法。在本书的上下文中，有一种非常强大且值得一提的方法是 TextRank，因为它也基于文档的图表示。

TextRank 创建了一个网络，其中的节点是单个标记，并且当标记在某个窗口内时将创建它们之间的边。

创建这样的网络后，可使用 PageRank 计算每个标记的中心性，这通过提供一个分数

来实现，该分数允许基于中心性分数在文档中进行排名。最中心的节点（达到一定比例，一般在文档大小的 5%~20%）被识别为候选关键字。当两个候选关键字彼此靠近时，它们会聚合为由多个标记组成的复合关键字。

许多 NLP 包中都提供了 TextRank 的实现。其中一个此类包是 gensim，它可以按一种直接的方式使用。

```
from gensim.summarization import keywords
text = corpus["clean_text"][0]
keywords(text, words=10, split=True, scores=True,
        pos_filter=('NN', 'JJ'), lemmatize=True)
```

这会产生以下输出。

```
[('trading', 0.4615130639538529),
 ('said', 0.3159855693494515),
 ('export', 0.2691553824958079),
 ('import', 0.17462010006456888),
 ('japanese electronics', 0.1360932626379031),

 ('industry', 0.1286043740379779),
 ('minister', 0.12229815662000462),
 ('japan', 0.11434500812642447),
 ('year', 0.10483992409352465)]
```

在这里，分数代表中心性，它代表给定标记的重要性。可以看到，一些复合标记也可能出现，如 japanese electronics。可以实现关键字提取来计算整个语料库的关键字，从而将信息存储在 corpus DataFrame 中。

```
corpus["keywords"] = corpus["clean_text"].apply(
    lambda text: keywords(
        text, words=10, split=True, scores=True,
        pos_filter=('NN', 'JJ'), lemmatize=True)
)
```

除关键字外，为了构建二分图，还需要解析命名实体识别（NER）引擎提取的命名实体，然后以关键字数据格式对信息进行编码。

这可以使用一些实用函数来完成。

```
def extractEntities(ents, minValue=1,
                    typeFilters=["GPE", "ORG", "PERSON"]):
    entities = pd.DataFrame([
```

```
            {
                "lemma": e.lemma_,
                "lower": e.lemma_.lower(),
                "type": e.label_
            } for e in ents if hasattr(e, "label_")
        ])
        if len(entities)==0:
            return pd.DataFrame()
        g = entities.groupby(["type", "lower"])
        summary = pd.concat({
            "alias": g.apply(lambda x: x["lemma"].unique()),
            "count": g["lower"].count()
        }, axis=1)
        return summary[summary["count"]>1]\
                .loc[pd.IndexSlice[typeFilters, :, :]]
def getOrEmpty(parsed, _type):
    try:
        return list(parsed.loc[_type]["count"]\
            .sort_values(ascending=False).to_dict().items())
    except:
        return []
def toField(ents):
    typeFilters=["GPE", "ORG", "PERSON"]
    parsed = extractEntities(ents, 1, typeFilters)
    return pd.Series({_type: getOrEmpty(parsed, _type)
                        for _type in typeFilters})
```

有了这些函数之后，可使用以下代码解析 spaCY 标签。

```
entity = corpus["parsed"].apply(lambda x: toField(x.ents))
```

可以使用 pd.concat 函数轻松地将 entities DataFrame 与 corpus DataFrame 合并，从而将所有信息放在单个数据结构中。

```
merged = pd.concat([corpus, entities], axis=1)
```

现在我们拥有了二分图的所有组件，可以通过遍历所有 documents-entity（文档-实体）或 document-keyword（文档-关键字）对来创建边列表。

```
edges = pd.DataFrame([
    {"source": _id, "target": keyword, "weight": score, "type": _type}
    for _id, row in merged.iterrows()
    for _type in ["keywords", "GPE", "ORG", "PERSON"]
```

```
       for (keyword, score) in row[_type]
])
```

创建边列表后，可以使用 networkx API 生成二分图。

```
G = nx.Graph()
G.add_nodes_from(edges["source"].unique(), bipartite=0)
G.add_nodes_from(edges["target"].unique(), bipartite=1)
G.add_edges_from([
    (row["source"], row["target"])
    for _, row in edges.iterrows()
])
```

现在可以使用 nx.info 查看图的信息。

```
Type: Graph
Number of nodes: 25752
Number of edges: 100311
Average degree: 7.7905
```

接下来，我们将对两个节点集合（实体或文档）中的一个投影二分图。这将使我们能够探索两个图之间的差异，并使用第 4 章"有监督图学习"中描述的无监督技术对术语和文档进行聚类。然后，我们将返回二分图来演示一个有监督分类的示例，并利用二分图的网络信息来完成。

7.4.3　实体-实体图

首先可以将图投影到实体节点的集合中。

networkx 提供了一个特殊的子模块 networkx.algorithms.bipartite 来处理二分图，其中已经实现了许多算法。特别是，networkx.algorithms.bipartite.projection 子模块提供了许多实用函数来在节点的子集上投影二分图。

在执行投影之前，必须使用在生成图时创建的 bipartite 属性提取与特定集合（文档或实体）相关的节点。

```
document_nodes = {n
                for n, d in G.nodes(data=True)
                if d["bipartite"] == 0}
entity_nodes ={n
            for n, d in G.nodes(data=True)
            if d["bipartite"] == 1}
```

图投影基本上是创建一个包含选定节点集的新图。是否在节点之间建立边则取决于两个节点是否有共同邻居。

基本的 projected_graph 函数将创建这样一个包含未加权边的网络。当然，根据共同邻居的数量对边进行加权通常会提供更多信息。

projection 模块根据权重的计算方式可提供不同的函数。

接下来，我们将使用 overlap_weighted_projected_graph，其中的边权重是使用基于共同邻居的杰卡德相似性（Jaccard Similarity）计算的。当然，我们鼓励读者探索其他选项，这取决于读者的用例和上下文，可能有更适合的目标的选项。

7.4.4　注意维度——过滤图

在处理投影时应该注意另一点：投影图的维度。在某些情况下，就像下面推估的那样，投影可能会产生大量的边，这使得图难以分析。

例如，在我们的用例中，按照创建网络所使用的逻辑，一个文档节点连接到至少 10 个关键字，再加上一些实体。在生成的实体-实体图中，所有这些实体都将相互连接，因为它们共享至少一个公共邻居（即包含它们的文档）。因此，对于一个文档，会生成大约 100（$15×14÷2 ≈ 100$）条边。如果将这个数字乘以文档数量（10^5），最终会得到数百万条边。这肯定还只是保守的估计（因为在许多文档中可能会出现一些共同的实体，所以不会重复），但它仍为我们可能遇到的复杂性数量级提供了一个参考。

因此，在投影二分图之前应谨慎，这具体取决于底层网络的拓扑结构和图的大小。降低这种复杂性并使投影可行的一个技巧是只考虑具有一定度（Degree）的实体节点。

大多数的复杂性源于存在只出现一次或几次的实体，但它们仍会在图中生成团（Clique）。此类实体对于捕获模式和提供见解的信息量并不大。此外，它们还可能受到统计变异性的强烈影响。因此，我们应该关注由较大出现次数支持的强相关性，以提供更可靠的统计结果。

也就是说，可以仅考虑具有一定度的实体节点。为此，可生成过滤后的二分图子图，排除包含较低的度值（例如小于 5）的节点。

```
nodes_with_low_degree = {n
    for n, d in nx.degree(G, nbunch=entity_nodes) if d<5}
subGraph = G.subgraph(set(G.nodes) - nodes_with_low_degree)
```

现在可以投影此子图，并且不会生成具有过多边的图。

```
entityGraph = overlap_weighted_projected_graph(
    subGraph,
```

```
    {n for n in subGraph.nodes() if n in entity_nodes}
)
```

可以用 nx.info 函数检查图的维度。

```
Number of nodes: 2386
Number of edges: 120198
Average degree: 100.7527
```

可以看到，尽管应用了过滤器，但边数和平均节点度数仍然相当大。图 7.4 显示了度数和边权重的分布，可以观察到度数分布中的一个峰值在相当低的值处，而大的度数则有一条肥尾。此外，边权重也显示出类似的行为，峰值在相当低的值上，右侧出现肥尾。这些分布表明存在几个小社区（即团），它们通过一些中心节点相互连接。

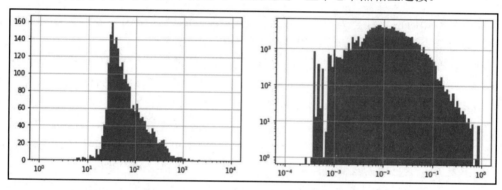

图 7.4　实体-实体网络的度和权重分布

边权重的这种分布表明可以应用第二个过滤器。我们之前在二分图上应用的实体度过滤器允许过滤掉仅出现在少数文档中的稀有实体。当然，结果图也可能受到相反问题的影响：流行的实体可能只是因为它们经常出现在文档中而被连接起来，即使它们之间并没有什么因果关系。以 US（美国）和 Microsoft（微软）这两个实体为例，它们几乎肯定会被连接在一起，因为它们极有可能在一个或多个文档中同时出现。但是，如果它们之间没有很强的因果关系，那么 Jaccard 相似性不太可能很大。仅考虑权重最大的边可以让我们关注最相关且可能最稳定的关系。图 7.4 中显示的边权重分布表明其合适的阈值可以是 0.05。

```
filteredEntityGraph = entityGraph.edge_subgraph(
    [edge
     for edge in entityGraph.edges
     if entityGraph.edges[edge]["weight"]>0.05])
```

这样的阈值显著减少了边的数量，使得网络分析变得可行。

```
Number of nodes: 2265
Number of edges: 8082
Average degree: 7.1364
```

图 7.5 显示了过滤之后图的节点度和边权重的分布。边权重的分布对应于图 7.4 中右侧的肥尾。度数分布与图 7.4 的关系不太明显，它显示了度数在 10 左右的节点的峰值，而图 7.4 中显示的峰值可以在低范围内（在 100 左右）观察到。

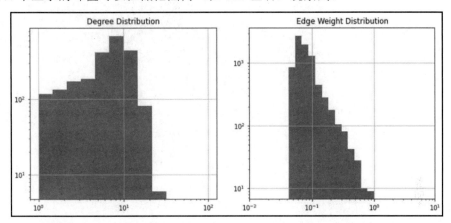

图 7.5　基于边权重过滤后结果图的度数分布（左）和边权重分布（右）

7.4.5　分析图

Gephi 可以提供整个网络的概览图，如图 7.6 所示。

为了进一步了解网络的拓扑结构，还可以计算一些全局度量，例如平均最短路径、聚类系数和全局效率。虽然该图有 5 个不同的已连接的组件（Component），但最大的一个几乎占了整个图，在 2265 个节点中它包含了 2254 个。

```
components = nx.connected_components(filteredEntityGraph)
 pd.Series([len(c) for c in components])
```

可使用以下代码找到最大组件的全局属性。

```
comp = components[0]
global_metrics = pd.Series({
    "shortest_path": nx.average_shortest_path_length(comp),
    "clustering_coefficient": nx.average_clustering(comp),
    "global_efficiency": nx.global_efficiency(comp)
})
```

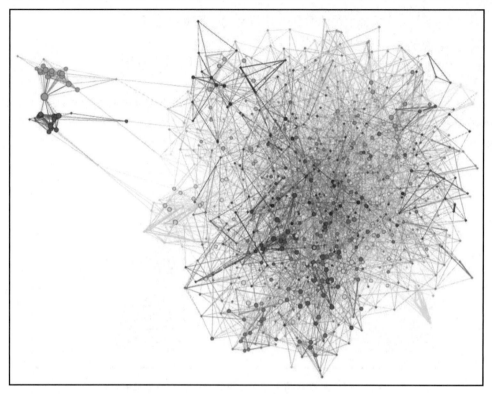

图 7.6　实体-实体网络突出显示了多个小型子社区的存在

计算最短路径和全局效率可能需要几分钟，输出如下。

```
{
    'shortest_path': 4.715073779178782,
    'clustering_coefficient': 0.21156314975836915,
    'global_efficiency': 0.22735551077454275
}
```

根据这些指标的大小（最短路径约为 5，聚类系数约为 0.2），再加上之前显示的度数分布，我们可以看到该网络具有多个规模有限的社区。

图 7.7 显示了其他一些有趣的局部属性，例如度（Degree）、页面排名（Page Rank）和中介中心性（Betweenness Centrality）分布等度量如何相互关联和连接。

在提供了关于局部/全局度量的描述以及网络的一般可视化之后，即可应用前几章中介绍的一些技术来识别网络中的一些见解和信息。我们将使用第 4 章 "有监督图学习" 中描述的无监督技术来实现这一点。

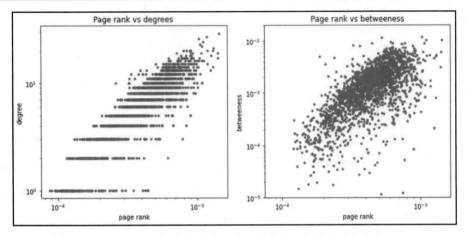

图 7.7　度、页面排名和中介中心性度量之间的关系和分布

7.4.6　社区检测

本示例将使用 Louvain 社区检测算法，该算法旨在通过优化其模块度，识别不相交社区中节点的最佳分区。

```
import community
communities = community.best_partition(filteredEntityGraph)
```

请注意，由于随机种子的原因，每次运行的结果可能会有所不同。但是，应该会出现一个类似的分区，其聚类成员的分布应如图 7.8 所示。我们通常观察大约 30 个社区，较大的社区包含 130～150 个文档。

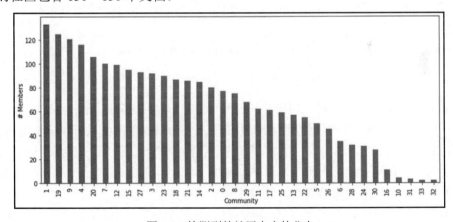

图 7.8　检测到的社区大小的分布

图 7.9 显示了其中一个社区的特写，我们可以在其中识别特定的主题。在该图的左侧，除了实体节点，还可以看到文档节点，从而揭示相关二分图的结构。

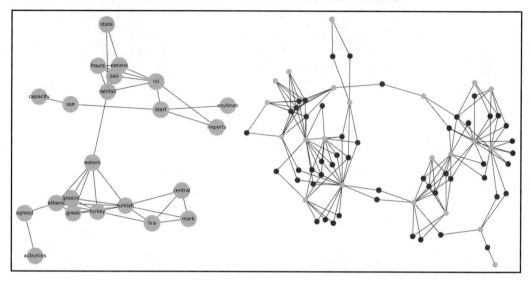

图 7.9　确定的社区之一的特写

7.4.7　使用 Node2Vec 算法

在第 4 章 "有监督图学习" 中已经介绍过，可以通过使用节点嵌入来提取有关实体之间的拓扑和相似性的信息。特别是，可以使用 Node2Vec 算法，它通过将随机生成的游走馈送到 Skip-Gram 模型，以将节点投影到向量空间中，其中，接近的节点将映射到附近的点。

```
from node2vec import Node2Vec
node2vec = Node2Vec(filteredEntityGraph, dimensions=5)
model = node2vec.fit(window=10)
embeddings = model.wv
```

在嵌入的向量空间中，可以应用传统的聚类算法，如 GaussianMixture、K-means 和 DB-scan。如前文所述，还可以使用 t-SNE 将嵌入投影到 2D 平面中以可视化聚类和社区。

除了提供另一个选项来识别图中的聚类/社区，Node2Vec 还可用于提供单词之间的相似性，就像 Word2Vec 传统上所做的那样。例如，可以查询 Node2Vec 嵌入模型并找到与 turkey 最相似的词，它提供语义相似的词。

```
[('turkish', 0.9975333213806152),
 ('lira', 0.9903393983840942),
```

```
('rubber', 0.9884852170944214),
('statoil', 0.9871745109558105),
('greek', 0.9846569299697876),
('xuto', 0.9830175042152405),
('stanley', 0.9809650182723999),
('conference', 0.9799597263336182),
('released', 0.9793018102645874),
('inra', 0.9775203466415405)]
```

尽管 Node2Vec 和 Word2Vec 这两种方法有一些相似之处，但这两种嵌入方法来自不同类型的信息：Word2Vec 直接从文本构建并包含句子级别的关系，而 Node2Vec 编码的描述更多地作用于文档级别，因为它来自二分实体-文档图。

7.4.8　文档-文档图

现在让我们将二分图投影到文档节点的集合中，以创建一个可以分析的文档-文档网络。与创建实体-实体网络时的方式类似，可使用 overlap_weighted_projected_graph 函数来获得一个加权图，并且可以对其进行过滤以减少重要边的数量。

事实上，网络的拓扑结构和用于构建二分图的业务逻辑不利于创建团，如前文所述，两个节点只有在共享至少一个关键字、组织、位置或人员时才会连接。正如我们所观察到的那样，组内仅有 10～15 个节点当然是可能的，只不过可能性不大。

可使用以下代码行轻松构建我们的网络。

```
documentGraph = overlap_weighted_projected_graph(
    G,
    document_nodes
)
```

图 7.10 显示了度和边权重的分布。这可以帮助我们决定用于过滤边的阈值。有趣的是，与实体-实体图观察到的度分布相比，节点度分布朝向大值显示出明显的峰值。这表明存在许多高度连接的超级节点（即具有相当大度数的节点）。

此外，边权重分布显示 Jaccard 指数趋向于接近 1 的值，这比在实体-实体图中观察到的值大得多。

这两个观察结果突出了两个网络之间的深刻差异：实体-实体图的特征在于有许多紧密连接的社区（即团），而文档-文档图的特征在于节点之间具有较大度数（构成核心），另外还有弱连接或断开连接的外围节点。

将所有的边存储在 DataFrame 中会很方便，因为这样不但方便绘图，还可以使用它们进行过滤，从而创建一个子图。

```
allEdgesWeights = pd.Series({
    (d[0], d[1]): d[2]["weight"]
    for d in documentGraph.edges(data=True)
})
```

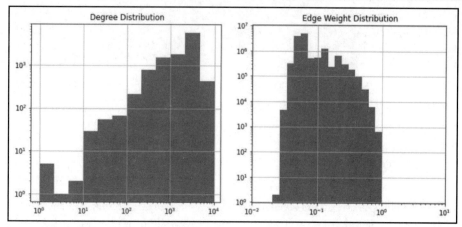

图 7.10　将二分图投影到文档-文档网络的度数分布（左）和边权重分布（右）

查看图 7.10 可以发现，为边权重设置阈值 0.6 似乎是合理的，这样就可以使用 networkx 的 edge_subgraph 函数生成更易于处理的网络。

```
filteredDocumentGraph = documentGraph.edge_subgraph(
    allEdgesWeights[(allEdgesWeights>0.6)].index.tolist()
)
```

图 7.11 显示了简化图的度数和边权重分布。

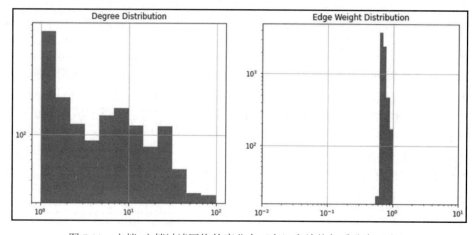

图 7.11　文档-文档过滤网络的度分布（左）和边缘权重分布（右）

在图 7.12 中也可以清楚地看到文档-文档图相对于实体-实体图的拓扑结构的明显差异。该图显示了完整的网络可视化结果。

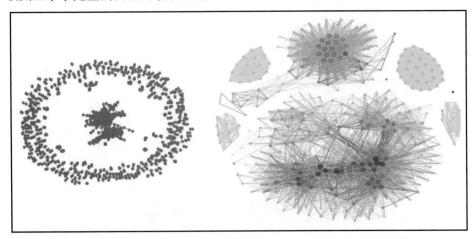

图 7.12　文档-文档过滤网络的表示（左），突出显示了核心和外围的存在；
核心特写（右），嵌入了一些子社区，节点大小与节点度成正比

可以看到，文档-文档网络由一个核心网络和若干个连接的卫星组成。这些卫星代表不共享或共享少数关键字或实体常见事件的所有文档。断开连接的文档数量相当多，几乎占总数的 50%。

可使用以下命令为此网络提取已连接的组件。

```
components = pd.Series({
    ith: component
    for ith, component in enumerate(
        nx.connected_components(filteredDocumentGraph)
    )
})
```

在图 7.13 中，可以看到已连接的组件大小的分布。该图清晰显示存在一些非常大的聚类（核心），以及大量断开连接的或非常小的组件（外围或卫星）。

这种结构与我们在实体-实体图中观察到的结构截然不同，实体-实体图中的所有节点都由一个非常大的已连接的聚类生成。

进一步研究核心组件的结构也可能会得到一些有趣的结果。可使用以下代码从全图中提取由网络最大组件组成的子图。

```
coreDocumentGraph = nx.subgraph(
    filteredDocumentGraph,
```

```
[node
 for nodes in components[components.apply(len)>8].values
 for node in nodes]
)
```

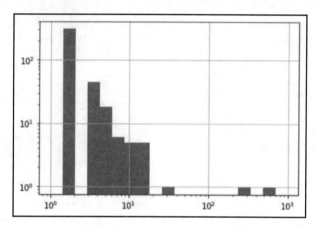

图 7.13　已连接的组件大小的分布，突出显示了许多小型社区
（代表外围）和一些大型社区（代表核心）的存在

可使用 nx.info 检查该核心网络的属性。

```
Type: Graph
Number of nodes: 1050
Number of edges: 7112
Average degree: 13.5467
```

图 7.12 显示了该核心的 Gephi 可视化结果。可以看到，该核心由几个社区以及具有相当大度数的节点组成，这些节点彼此紧密相连。

7.4.9　主题-主题图

和对实体-实体网络所执行的操作一样，我们也可以处理网络以识别嵌入在图中的社区。当然，与之前的操作不同，文档-文档图现在提供了一种使用文档标签判断聚类的方法。事实上，我们希望属于同一主题的文档彼此紧密相连。此外，读者很快就会看到，这也将使我们能够识别主题之间的相似性。

首先，从提取候选社区开始。

```
import community
communities = pd.Series(
```

```
    community.best_partition(filteredDocumentGraph)
)
```

然后，提取每个社区内的主题混合，以查看主题之间是否具有同质性（所有文档属于同一类）或某种相关性。

```
from collections import Counter
def getTopicRatio(df):
    return Counter([label
                    for labels in df["label"]
                    for label in labels])

communityTopics = pd.DataFrame.from_dict({
    cid: getTopicRatio(corpus.loc[comm.index])
    for cid, comm in communities.groupby(communities)
}, orient="index")

normalizedCommunityTopics = (
    communityTopics.T / communityTopics.sum(axis=1)
).T
```

normalizedCommunityTopics 是一个 DataFrame，它为每个社区（DataFrame 中的行）提供不同主题（沿列轴）的主题混合（按百分比）。为了量化聚类/社区内主题混合的异质性，必须计算每个社区的香农熵。

$$I_c = -\sum_i \log t_{ci}$$

其中，I_c 代表聚类 c 的熵，t_{ci} 对应于社区 c 中主题 i 的百分比。我们必须计算所有社区的经验香农熵，示例代码如下。

```
normalizedCommunityTopics.apply(
    lambda x: np.sum(-np.log(x)), axis=1)
```

图 7.14 显示了所有社区的熵分布。大多数社区的熵为零或非常低，因此表明属于同一类（标签）的文档倾向于聚集在一起。

即使大多数社区在主题周围表现出零或低可变性，但当社区表现出一些异质性时，调查主题之间是否存在关系也很有意义。即，我们可以计算主题分布之间的相关性。

```
topicCorrelation = normalizedCommunityTopics.corr().fillna(0)
```

然后使用主题-主题网络来表示和可视化。

```
topicCorrelation[topicsCorrelation<0.8]=0
topicGraph = nx.from_pandas_adjacency(topicsCorrelation)
```

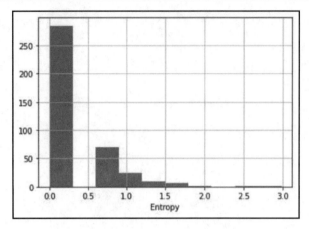

图 7.14　每个社区中主题混合的熵分布

　　图 7.15 左侧显示了主题网络的完整图表示。正如我们在文档-文档网络中所观察到的那样，主题-主题图显示了一个由断开连接的节点组成的外围和一个强连接的核心结构。图 7.15 右侧显示了该核心网络的特写。这表示一种由语义支持的相关性，与商品相关的主题彼此紧密相连。

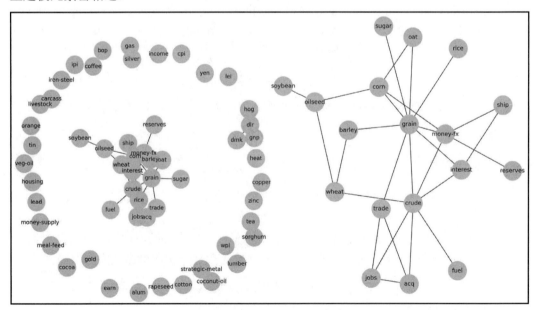

图 7.15　主题-主题相关图（左），呈现外围-核心结构；核心网络特写（右）

本节介绍了在分析文档和更一般的文本源时出现的不同类型的网络。为此，我们使用了全局和局部属性，从统计意义上描述网络。另外，还介绍了一些无监督算法，这使我们能够揭示图中的某些结构。

接下来，我们将演示如何在构建机器学习模型时利用这些图结构。

7.5　构建文档主题分类器

为了演示如何利用图结构，本节将重点使用拓扑信息和二分实体文档图提供的实体之间的连接来训练多标签分类器，这有助于预测文档主题。

为此，可分析以下两种不同的方法。

❏　浅层机器学习方法：使用从二分网络中提取的嵌入来训练传统分类器，如随机森林（RandomForest）分类器。

❏　更加集成和可区分的方法：使用已应用于异构图（如二分图）的图神经网络。

现在以前 10 个主题为例，因为有足够的文档来训练和评估模型。

```
from collections import Counter
topics = Counter(
    [label
    for document_labels in corpus["label"]
    for label in document_labels]
).most_common(10)
```

上述代码块将产生以下输出。它显示了主题的名称，以下分析将重点关注这些名称。

```
[('earn', 3964), ('acq', 2369), ('money-fx', 717),
 ('grain', 582), ('crude', 578), ('trade', 485),
 ('interest', 478), ('ship', 286), ('wheat', 283),
 ('corn', 237)]
```

在训练主题分类器时，必须将重点限制在属于此类标签的文档上。使用以下代码即可轻松获得过滤后的语料库。

```
topicsList = [topic[0] for topic in topics]
 topicsSet = set(topicsList)
dataset = corpus[corpus["label"].apply(
    lambda x: len(topicsSet.intersection(x))>0
)]
```

现在我们已经提取并构建了数据集，可以开始训练主题模型并评估它们的性能。

接下来，我们将首先使用浅层学习方法创建一个简单的模型，以便可以通过使用图神经网络来增加模型的复杂性。

7.5.1　浅层学习方法

本节将为主题分类任务实现一种利用网络信息的浅层方法。当然，读者也可以根据自己的用例进行适当修改。

请按以下步骤操作。

（1）在二分图上使用 Node2Vec 计算嵌入。过滤后的文档-文档网络的特点是外围有许多断开连接的节点，因此它们不会从拓扑信息中受益。而未经过滤的文档-文档网络将有很多条边，这使得该方法的可扩展性成为一个问题。因此，使用二分图对于有效利用拓扑信息以及实体和文档之间的连接至关重要。

```
from node2vec import Node2Vec
node2vec = Node2Vec(G, dimensions=10)
model = node2vec.fit(window=20)
embeddings = model.wv
```

请注意，dimension 嵌入以及用于生成游走的 window 都是必须通过交叉验证进行优化的超参数。

（2）为了提高计算效率，可以预先计算一组嵌入，保存到磁盘，然后在优化过程中使用。当然，这是假设我们处于半监督环境中或执行的是直推式任务，即在训练时，除标签外，我们有关于整个数据集的连接信息。

下文将介绍另一种基于图神经网络的方法，它提供了一个归纳式框架，用于在训练分类器时集成拓扑。

现在将嵌入存储在一个文件中。

```
pd.DataFrame(embeddings.vectors,
            index=embeddings.index2word
).to_pickle(f"graphEmbeddings_{dimension}_{window}.p")
```

如前文所述，此处可以为 dimensions 和 window 选择和循环不同的值。这两个变量可能的值包括 10、20 和 30。

（3）这些嵌入可以集成到 scikit-learn transformer 中，这样它们就可以用于网格搜索交叉验证过程。

```
from sklearn.base import BaseEstimator
class EmbeddingsTransformer(BaseEstimator):

    def __init__(self, embeddings_file):
        self.embeddings_file = embeddings_file
```

```
    def fit(self, *args, **kwargs):
        self.embeddings = pd.read_pickle(
            self.embeddings_file)
        return self

    def transform(self, X):
        return self.embeddings.loc[X.index]

    def fit_transform(self, X, y):
        return self.fit().transform(X)
```

（4）为了构建模型训练管道，需要将语料库拆分为训练集和测试集。

```
def train_test_split(corpus):
    indices = [index for index in corpus.index]
    train_idx = [idx
                 for idx in indices
                 if "training/" in idx]
    test_idx = [idx
                for idx in indices
                if "test/" in idx]
    return corpus.loc[train_idx], corpus.loc[test_idx]

train, test = train_test_split(dataset)
```

还可以构建函数以方便地提取特征和标签。

```
def get_features(corpus):
    return corpus["parsed"]
def get_labels(corpus, topicsList=topicsList):
    return corpus["label"].apply(
        lambda labels: pd.Series(
            {label: 1 for label in labels}
        ).reindex(topicsList).fillna(0)
    )[topicsList]
def get_features_and_labels(corpus):
    return get_features(corpus), get_labels(corpus)
features, labels = get_features_and_labels(train)
```

（5）实例化建模管道。

```
from sklearn.pipeline import Pipeline
from sklearn.ensemble import RandomForestClassifier
from sklearn.multioutput import MultiOutputClassifier
```

```
pipeline = Pipeline([
    ("embeddings", EmbeddingsTransformer(
        "my-place-holder")
    ),
    ("model", MultiOutputClassifier(
        RandomForestClassifier())
    )
])
```

（6）为交叉验证网格搜索定义参数空间以及配置。

```
from glob import glob
param_grid = {
    "embeddings__embeddings_file":
glob("graphEmbeddings_*"),
    "model__estimator__n_estimators": [50, 100],
    "model__estimator__max_features": [0.2,0.3, "auto"],
}
grid_search = GridSearchCV(
    pipeline, param_grid=param_grid, cv=5, n_jobs=-1)
```

（7）使用 sklearn API 的 fit 方法来训练主题模型。

```
model = grid_search.fit(features, labels)
```

现在我们已经利用图的信息创建了主题模型。一旦确定了最佳模型，即可在测试数据集上使用该模型来评估其性能。

为此，还需要定义以下辅助函数，以获得一组预测。

```
def get_predictions(model, features):
    return pd.DataFrame(
        model.predict(features),
        columns=topicsList, index=features.index)
preds = get_predictions(model, get_features(test))
labels = get_labels(test)
```

使用 sklearn 功能即可快速查看训练分类器的性能。

```
from sklearn.metrics import classification_report
print(classification_report(labels, preds))
```

其输出如下所示。可以看到，F1 分数的整体性能为 0.6～0.8，具体取决于如何解释不平衡的类。

	precision	recall	f1-score	support
0	0.97	0.94	0.95	1087
1	0.93	0.74	0.83	719
2	0.79	0.45	0.57	179
3	0.96	0.64	0.77	149
4	0.95	0.59	0.73	189
5	0.95	0.45	0.61	117
6	0.87	0.41	0.56	131
7	0.83	0.21	0.34	89
8	0.69	0.34	0.45	71
9	0.61	0.25	0.35	56
micro avg	0.94	0.72	0.81	2787
macro avg	0.85	0.50	0.62	2787
weighted avg	0.92	0.72	0.79	2787
samples avg	0.76	0.75	0.75	2787

读者可以根据自己的用例尝试修改分析管道的类型和超参数，改变模型，并在对嵌入进行编码时尝试不同的值。

如前文所述，本示例中的方法显然是直推式的，因为它使用了在整个数据集上训练过的嵌入，这是半监督任务中的常见情况（在半监督任务中，标记信息仅存在于一个很小的点的子集中，任务是推断所有未知样本的标签）。

接下来，我们将介绍如何使用图神经网络构建归纳式分类器。当在训练过程中不知道测试样本时，即可使用归纳式分类器。

7.5.2　图神经网络

本节将介绍一种基于神经网络的方法，该方法可原生集成并利用图结构。

在第 3 章"无监督图学习"和第 4 章"有监督图学习"中已经介绍过图神经网络（GNN），但是本示例略有不同，我们将演示如何将此框架应用于异构图（即有不止一种类型节点的图）。每个节点类型可能有一组不同的特征，并且模型的训练可能只针对一种特定的节点类型而不是其他类型。

本示例将使用之前介绍过的 stellargraph 和 GraphSAGE 算法。这些方法还支持对每个节点使用特征，而不是仅仅依赖于图的拓扑结构。如果没有任何节点特征，则可以使用独热节点表示代替（详见第 6 章"社交网络图"）。

为了使操作更具普适性，本示例将根据每个实体和关键字的 TF-IDF 分数（详见 7.4.2 节"二分图"）生成一组节点特征。

要训练和评估基于图神经网络的模型，以预测文档主题分类，请按以下步骤操作。

（1）计算每个文档的 TF-IDF 分数。sklearn 已经提供了一些功能，使我们可以轻松地从文档语料库计算 TF-IDF 分数。

　　TfidfVectorizer sklearn 类已经带有嵌入的 tokenizer。但是，由于我们已经有了用 spaCY 提取的标记化和词形还原版本，因此可以提供利用 spaCy 处理的自定义标记化器的实现。

```
def my_spacy_tokenizer(pos_filter=["NOUN", "VERB","PROPN"]):
    def tokenizer(doc):
        return [token.lemma_
                for token in doc
                if (pos_filter is None) or
                   (token.pos_ in pos_filter)]
    return tokenizer
```

返回的自定义标记化器可以在 TfidfVectorizer 中使用。

```
cntVectorizer = TfidfVectorizer(
    analyzer = my_spacy_tokenizer(),
    max_df = 0.25, min_df = 2, max_features = 10000
)
```

为了使该方法成为真正的归纳式方法，可仅针对训练集训练 TF-IDF。

```
trainFeatures, trainLabels = get_features_and_labels(train)
testFeatures, testLabels = get_features_and_labels(test)

trainedIDF = cntVectorizer.fit_transform(trainFeatures)
testIDF = cntVectorizer.transform(testFeatures)
```

　　为方便起见，现在可以将两个 TF-IDF 表示（用于训练集和测试集）叠加到一个数据结构中，表示整个图的文档节点的特征。

```
documentFeatures = pd.concat([trainedIDF, testIDF])
```

　　（2）除文档节点的特征信息外，还需要基于实体类型的独热编码表示为实体构建一个简单的特征向量。

```
entityTypes = {
    entity: ith
    for ith, entity in enumerate(edges["type"].unique())
}
entities = edges\
    .groupby(["target", "type"])["source"]\
    .count()\
    .groupby(level=0).apply(
        lambda s: s.droplevel(0)\
                    .reindex(entityTypes.keys())\
```

```
                    .fillna(0))\
    .unstack(level=1)
entityFeatures = (entities.T / entities.sum(axis=1))
```

（3）现在我们已经拥有创建 StellarGraph 实例所需的所有信息。将节点特征（文档和实体）的信息与 edges DataFrame 提供的连接合并，即可创建 StellarGraph。请注意，应该过滤掉一些边/节点，以便仅包含属于目标主题的文档。

```
from stellargraph import StellarGraph

_edges = edges[edges["source"].isin(documentFeatures.index)]
nodes = {«entity»: entityFeatures,
         «document»: documentFeatures}
stellarGraph = StellarGraph(
    nodes, _edges,
    target_column=»target», edge_type_column=»type»
)
```

在创建了 StellarGraph 之后即可检查该网络，示例命令如下。

```
print(stellarGraph.info())
```

其输出如下。

```
StellarGraph: Undirected multigraph
 Nodes: 23998, Edges: 86849

Node types:
  entity: [14964]
    Features: float32 vector, length 6
    Edge types: entity-GPE->document, entity-ORG->document,
entity-PERSON->document, entity-keywords->document
  document: [9034]
    Features: float32 vector, length 10000
    Edge types: document-GPE->entity, document-ORG->entity,
  document-PERSON->entity, document-keywords->entity

Edge types:
    document-keywords->entity: [78838]
        Weights: range=[0.0827011, 1], mean=0.258464, std=0.0898612
        Features: none
    document-ORG->entity: [4129]
        Weights: range=[2, 22], mean=3.24122, std=2.30508
        Features: none
```

```
document-GPE->entity: [2943]
    Weights: range=[2, 25], mean=3.25926, std=2.07008

    Features: none
document-PERSON->entity: [939]
    Weights: range=[2, 14], mean=2.97444, std=1.65956
    Features: none
```

可以看到，该 StellarGraph 的描述实际上包含大量有用信息。

此外，StellarGraph 还可原生处理不同类型的节点和边，并为每个节点/边类型提供现成可用的分段统计。

（4）读者可能已经注意到，刚刚创建的图包括训练数据和测试数据。为了真正测试归纳方法的性能并避免在训练集和测试集之间链接信息，需要创建一个仅包含训练时可用数据的子图，示例代码如下。

```
targets = labels.reindex(documentFeatures.index).
fillna(0)
sampled, hold_out = train_test_split(targets)
allNeighbors = np.unique([n
    for node in sampled.index
    for n in stellarGraph.neighbors(node)
])
subgraph = stellarGraph.subgraph(
    set(sampled.index).union(allNeighbors)
)
```

该子图包含 16927 个节点和 62454 条边，相较之下，整个图中包含 23998 个节点和 86849 条边。

（5）现在仅有在训练时可用的数据和网络，可在此基础上构建机器学习模型。

为此，需要将数据拆分为训练数据、验证数据和测试数据。对于训练，可仅使用 10% 的数据，这类似于半监督任务。

```
from sklearn.model_selection import train_test_split
train, leftOut = train_test_split(
    sampled,
    train_size=0.1,
    test_size=None,
    random_state=42
)
validation, test = train_test_split(
    leftOut, train_size=0.2, test_size=None, random_state=100,
)
```

（6）使用 stellargraph 和 keras API 构建图神经网络模型。

首先创建一个生成器，该生成器能够生成将馈送到神经网络的样本。请注意，由于我们正在处理异构图，因此需要一个生成器来从仅属于特定类的节点中采样示例。这里将使用 HinSAGENodeGenerator 类，它可将用于同构图（Homogeneous Graph）的节点生成器泛化为异构图（Heterogeneous Graph）节点生成器，允许指定想要的节点类型。

```
from stellargraph.mapper import HinSAGENodeGenerator
batch_size = 50
num_samples = [10, 5]
generator = HinSAGENodeGenerator(
    subgraph, batch_size, num_samples,
    head_node_type="document"
)
```

使用该对象可以为训练和验证数据集创建一个生成器。

```
train_gen = generator.flow(train.index, train, shuffle=True)
val_gen = generator.flow(validation.index, validation)
```

（7）创建 GraphSAGE 模型。和生成器一样，我们也需要使用一个可以处理异构图的模型。因此，本示例将使用 HinSAGE 代替 GraphSAGE。

```
from stellargraph.layer import HinSAGE
from tensorflow.keras import layers
graphsage_model = HinSAGE(
    layer_sizes=[32, 32], generator=generator,
    bias=True, dropout=0.5
)
x_inp, x_out = graphsage_model.in_out_tensors()
prediction = layers.Dense(
    units=train.shape[1], activation="sigmoid"
)(x_out)
```

请注意，在最后的密集层（Dense Layer，也称为稠密层）中，使用的是 Sigmoid 激活函数而不是 Softmax 激活函数。因为本示例的问题是多类、多标签的任务，所以一个文档可能属于多个类，在这种情况下，使用 Sigmoid 激活函数似乎是更明智的选择。

编译 Keras 模型。

```
from tensorflow.keras import optimizers, losses, Model
model = Model(inputs=x_inp, outputs=prediction)
model.compile(
    optimizer=optimizers.Adam(lr=0.005),
    loss=losses.binary_crossentropy,
```

```
    metrics=["acc"]
)
```

（8）训练该神经网络模型。

```
history = model.fit(
    train_gen, epochs=50, validation_data=val_gen,
    verbose=1, shuffle=False
)
```

其输出如图 7.16 所示。

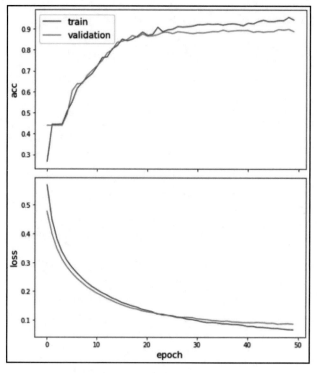

图 7.16　训练和验证准确率与 Epoch 数的关系（上），以及
训练和验证数据集的二元交叉熵损失与 Epoch 数的关系（下）

　　图 7.16 显示了训练和验证损失以及准确率与 Epoch 数量的演变图。可以看到，训练和验证的准确率将随着训练 Epoch 数的增加而提高，当 Epoch 为 30 个左右时，验证集的准确率趋于稳定，而训练集的准确率继续提高，表明存在过拟合的趋势。因此，当 Epoch 为 50 个左右时停止训练似乎是一个相当合理的选择。

　　（9）模型训练完成后，即可在测试集上测试其性能。

```
test_gen = generator.flow(test.index, test)
test_metrics = model.evaluate(test_gen)
```

其输出如下。

```
loss: 0.0933
accuracy: 0.8795
```

请注意，由于标签分布不平衡，因此准确率（Accuracy）可能并不是评估性能的最佳选择。此外，0.5 常用于阈值，因此在不平衡的设置中提供标签分配也可能是次优的。

（10）要确定用于分类文档的最佳阈值，可计算所有测试样本的预测。

```
test_predictions = pd.DataFrame(
    model.predict(test_gen), index=test.index,
    columns=test.columns)
test_results = pd.concat({
    "target": test,
    "preds": test_predictions
}, axis=1)
```

然后，计算不同阈值选择时的 F1 分数以及宏观平均值。所谓宏观平均值就是指单个类的平均 F1 分数。

```
thresholds = [0.01,0.05,0.1,0.2,0.3,0.4,0.5]
f1s = {}
for th in thresholds:
    y_true = test_results["target"]
    y_pred = 1.0*(test_results["preds"]>th)
    f1s[th] = f1_score(y_true, y_pred, average="macro")
pd.Series(f1s).plot()
```

如图 7.17 所示，阈值为 0.2 似乎是最佳选择，因为它实现了最佳性能。

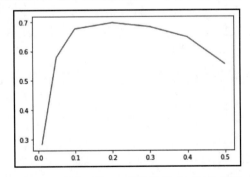

图 7.17　宏观平均 F1 分数与用于标记的阈值

（11）将 0.2 作为阈值，提取测试集的分类报告。

```
print(classification_report(
    test_results["target"], 1.0*(test_results["preds"]>0.2))
)
```

其输出如下。

	precision	recall	f1-score	support
0	0.92	0.97	0.94	2075
1	0.85	0.96	0.90	1200
2	0.65	0.90	0.75	364
3	0.83	0.95	0.89	305
4	0.86	0.68	0.76	296
5	0.74	0.56	0.63	269
6	0.60	0.80	0.69	245
7	0.62	0.10	0.17	150
8	0.49	0.95	0.65	149
9	0.44	0.88	0.58	129
micro avg	0.80	0.89	0.84	5182
macro avg	0.70	0.78	0.70	5182
weighted avg	0.82	0.89	0.84	5182
samples avg	0.83	0.90	0.85	5182

（12）至此，我们已经训练了一个图神经网络模型并评估了其性能。现在可将此模型应用于一组未见数据——也就是我们一开始故意遗漏的数据——它们在归纳式环境中表示真实的测试数据。为此，需要实例化一个新的生成器。

```
generator = HinSAGENodeGenerator(
    stellarGraph, batch_size, num_samples,
    head_node_type="document")
```

请注意，从 HinSAGENodeGenerator 获取的图现在是整个图（代替之前使用的过滤图），其中包含训练和测试文档。使用该类可以创建一个生成器，它仅从测试节点中采样，过滤掉不属于我们要选择的主题之一的主题。

```
hold_out = hold_out[hold_out.sum(axis=1) > 0]
hold_out_gen = generator.flow(hold_out.index, hold_out)
```

（13）在样本上评估模型，并使用之前确定的阈值（即 0.2）预测标签，示例代码如下。

```
hold_out_predictions = model.predict(hold_out_gen)
preds = pd.DataFrame(1.0*(hold_out_predictions > 0.2),
                     index = hold_out.index,
```

```
                     columns = hold_out.columns)
results = pd.concat(
    {"target": hold_out,"preds": preds}, axis=1
)
```

提取归纳式测试数据集的性能。

```
print(classification_report(
    results["target"], results["preds"])
)
```

其输出如下。

	precision	recall	f1-score	support
0	0.93	0.99	0.96	1087
1	0.90	0.97	0.93	719
2	0.64	0.92	0.76	179
3	0.82	0.95	0.88	149
4	0.85	0.62	0.72	189
5	0.74	0.50	0.59	117
6	0.60	0.79	0.68	131
7	0.43	0.03	0.06	89
8	0.50	0.96	0.66	71
9	0.39	0.86	0.54	56
micro avg	0.82	0.89	0.85	2787
macro avg	0.68	0.76	0.68	2787
weighted avg	0.83	0.89	0.84	2787
samples savg	0.84	0.90	0.86	2787

与浅层学习方法相比,可以看到图神经网络在性能上取得了 5%~10%的实质性提升。

7.6　小　　结

本章阐释了如何处理非结构化信息以及如何使用图表示此类信息。从众所周知的基准数据集 Reuters-21578 开始,我们讨论了应用标准 NLP 引擎来标记和构建文本信息。然后,介绍了使用这些高级特征来创建不同类型的网络:知识图、二分图、节点子集的投影,以及与数据集主题相关的网络。这些不同类型的图还允许我们使用本书前几章所介绍的工具从网络表示中提取见解。

本章使用了局部和全局属性来展示这些量如何表示和描述结构上不同类型的网络。我们使用了无监督技术来识别属于相似主题的语义社区和聚类文档。

　　本章还讨论了使用数据集中提供的标记信息来训练有监督的多类多标签分类器，它还利用了网络的拓扑结构。

　　最后，本章演示了如何将有监督技术应用于异构图（所谓异构图，就是指其中存在两种不同的节点类型：文档和实体）。我们介绍了如何分别使用浅层学习和图神经网络来实现直推式和归纳式方法。

　　第 8 章将介绍如何有效地使用交易数据，通过图分析来提取见解，从而识别欺诈交易。

第8章 信用卡交易的图分析

金融数据分析是大数据分析中一个非常常见和重要的领域。事实上，由于移动设备数量的增加和在线支付标准平台的引入，金融机构产生和使用的交易数据量均呈指数级增长。

有鉴于此，金融机构迫切需要新的工具和技术来尽可能多地利用大量信息，以便更好地了解客户的行为并支持业务流程中数据驱动的决策。这些数据还可用于构建更好的机制，以提高在线支付过程的安全性。

事实上，随着在线支付系统因电子商务平台而变得越来越流行，欺诈案件也在不断增加。欺诈交易的一个例子是使用被盗信用卡进行交易。在这种情况下，欺诈交易将表现出与原信用卡持有者迥异的交易模式。

当然，由于涉及大量变量，构建自动程序来检测欺诈交易可能仍是一个复杂的问题。

本章将阐释如何将信用卡交易数据表示为图，以便使用机器学习算法自动检测欺诈交易。我们将应用前几章所介绍的一些技术和算法来构建欺诈交易检测算法，并使用它们处理数据集。

本章包含以下主题。

❑ 从信用卡交易数据生成图。

❑ 从图中提取属性和社区。

❑ 有监督和无监督机器学习算法在欺诈交易分类中的应用。

8.1 技 术 要 求

本书所有练习都使用了包含 Python 3.8 的 Jupyter Notebook。以下代码片段显示了本章将使用 pip 安装的 Python 库列表。其使用方法为，在命令行中运行 pip install networkx==2.5 等。

```
Jupyter==1.0.0
networkx==2.5
scikit-learn==0.24.0
pandas==1.1.3
node2vec==0.3.3
```

```
numpy==1.19.2
communities==2.2.0
```

在本书的其余部分，如果没有明确说明，将使用以下 Python 命令。

```
import networkx as nx
```

与本章相关的所有代码文件都可以在以下网址获得。

https://github.com/PacktPublishing/Graph-Machine-Learning/tree/main/Chapter08

8.2　数据集概览

本章使用的数据集是 Kaggle 上提供的 Credit Card Transactions Fraud Detection Dataset（信用卡交易欺诈检测数据集），其网址如下。

https://www.kaggle.com/kartik2112/fraud-detection?select=fraudTrain.csv

该数据集由包含 2019 年 1 月 1 日至 2020 年 12 月 31 日期间合法和欺诈交易的模拟信用卡交易组成。它包括与 800 家商家进行交易的 1000 名客户的信用卡数据。

该数据集是使用 Sparkov Data Generation 生成的。有关该生成算法的更多信息，请访问以下链接。

https://github.com/namebrandon/Sparkov_Data_Generation

对于每笔交易，该数据集包含 23 个不同的特征。表 8.1 仅显示了本章将使用的信息。

表 8.1　数据集中使用的变量列表

列　名　称	列　说　明	类　型
Index	每一行的唯一标识符	Integer
cc_num	客户的信用卡号	String
merchant	商家名称	String
amt	交易额（以美元为单位）	Double
is_fraud	目标变量。真实交易时该值为 0，欺诈交易时该值为 1	Binary

出于分析的目的，我们将使用 fraudTrain.csv 文件。如前文所述，在开始任何机器学习任务之前应尽可能探索和熟悉数据集，因此，强烈建议读者先自行查看一下该文件。另外，还有两个数据集虽然本章未讨论，但是读者也应该探索一下。第一个是捷克银行

的金融分析数据集，其网址如下。

https://github.com/Kusainov/czech-banking-fin-analysis

该数据集来自真实的捷克银行，涵盖 1993 年至 1998 年期间的数据。有关客户及其账户的数据包含了定向关系。遗憾的是，交易上没有标签，因此无法使用机器学习技术训练欺诈检测引擎。

第二个数据集是 paysim1 数据集，其网址如下。

https://www.kaggle.com/ntnu-testimon/paysim1

该数据集包含模拟的移动支付交易，该样本基于从某个非洲国家实现的移动支付服务的一个月的财务日志中提取的真实交易样本。原始日志由一家跨国公司提供，该公司是移动金融服务的提供商，目前在全球 14 个国家均有业务。该数据集还包含欺诈/真实交易的标签。

8.3　加载数据集并构建图

分析的第一步是加载数据集并构建图。由于该数据集表示为一个简单的交易列表，因此需要执行几个操作来构建最终的信用卡交易图。

8.3.1　加载数据集

该数据集是一个简单的 CSV 文件，所以可使用 Pandas 来加载数据，如下所示。

```
import pandas as pd
df = df[df["is_fraud"]==0].sample(frac=0.20, random_state=42).
append(df[df["is_fraud"] == 1])
```

为了帮助处理数据集，我们选择了 20%的真实交易和所有欺诈交易。因此，在总共 1296675 笔交易中，将仅使用 265342 笔交易。此外，还可以查看一下数据集中欺诈和真实交易的数量，如下所示。

```
df["is_fraud"].value_counts()
```

其输出结果如下。

```
0   257834
1     7506
```

　　换句话说，在总共 265342 笔交易中，只有 7506 笔（约 2.83%）是欺诈交易，而其他交易都是真实的。

　　可以使用 networkx 库将该数据集表示为图。在开始实际操作之前，首先需要详细了解一下如何从数据构建图。

　　可使用两种不同的方法来构建图，即二分法（Bipartite Approach）和三分法（Tripartite Approach），有关这两种方法的详细信息，可参考论文 *APATE：A Novel Approach for Automated Credit Card Transaction Fraud Detection Using Network-Based Extensions*（《APATE：使用基于网络扩展的自动信用卡交易欺诈检测的新方法》），其网址如下。

https://www.scinapse.io/papers/614715210

8.3.2　二分法

　　对于二分法，可构建一个加权二分图 $G = (V, E, \omega)$。

　　其中：

❑　　$V = V_c \cup V_m$，每个节点 $c \in V_c$ 代表一个客户，每个节点 $m \in V_m$ 代表一个商家。

❑　　如果存在从客户 v_c 到商家 v_m 的交易，则创建边(v_c, v_m)。

❑　　对于该图的每条边，分配一个权重（始终为正）代表交易金额（以美元为单位）。

在此形式化中，允许有向图和无向图。

　　由于该数据集表示的交易包含时间信息，因此客户和商家之间可能会发生多次交互。在这两种形式化中，我们决定将所有信息折叠在一个图中。换句话说，如果客户和商家之间存在多笔交易，则在两个节点之间建立一条边，其权重由所有交易金额的总和给出。图 8.1 显示了二分图的示意图。

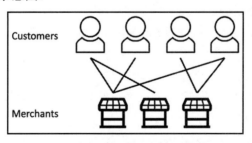

图 8.1　从输入数据集生成的二分图

原　　文	译　　文
Customers	客户
Merchants	商家

我们定义的二分图可使用以下代码构建。

```
def build_graph_bipartite(df_input, graph_type=nx.Graph()):
    df = df_input.copy()
    mapping = {x:node_id for node_id,x in enumerate(set(df["cc_num"]
.values.tolist() + df["merchant"].values.tolist()))}
    df["from"] = df["cc_num"].apply(lambda x: mapping[x])
    df["to"] = df["merchant"].apply(lambda x: mapping[x])
    df = df[['from', 'to', "amt", "is_fraud"]].groupby(['from',
'to']).agg({"is_fraud": "sum", "amt": "sum"}).reset_index()
    df["is_fraud"] = df["is_fraud"].apply(lambda x: 1 if x>0 else 0)
    G = nx.from_edgelist(df[["from", "to"]].values, create_
using=graph_type)
    nx.set_edge_attributes(G, {(int(x["from"]),
int(x["to"])):x["is_fraud"] for idx, x in df[["from","to","is_fraud"]]
.iterrows()}, "label")
    nx.set_edge_attributes(G,{(int(x["from"]),
int(x["to"])):x["amt"] for idx, x in df[["from","to","amt"]].
iterrows()}, "weight")
    return G
```

可以看到，该代码非常简单。为了构建二分信用卡交易图，使用了不同的 networkx 函数。具体来说，在该代码中执行的操作如下。

（1）构建了一个映射来为每个商家或客户分配一个 node_id。

（2）将多个交易聚合在一个交易中。

（3）networkx 函数 nx.from_edgelist 用于构建 networkx 图。

（4）为每条边分配两个属性，即 weight 和 label。前者表示两个节点之间的交易总额，后者表示该交易是真实交易还是欺诈交易。

从上述代码中也可以看出，我们可以选择构建有向图或无向图。可以通过调用以下函数来构建一个无向图。

```
G_bu = build_graph_bipartite(df, nx.Graph(name="Bipartite Undirect"))))
```

或通过调用以下函数来构建有向图。

```
G_bd = build_graph_bipartite(df, nx.DiGraph(name="Bipartite Direct"))))
```

唯一的区别在于构造函数中传递的第二个参数。

8.3.3　三分法

三分法是二分法的扩展，它允许将交易也表示为一个顶点。一方面，这种方法大大增加了网络复杂性；另一方面，它允许为商家和持卡人以及每笔交易构建额外的节点嵌入。

对于这种方法，形式上可构建一个加权三分图 $G = (V, E, \omega)$。

其中：

❑　$V = V_t \cup V_c \cup V_m$，每个节点 $c \in V_c$ 代表一个客户，每个节点 $m \in V_m$ 代表一个商家，每个节点 $t \in V_t$ 代表一笔交易。

❑　对于从客户 v_c 到商家 v_m 的每笔交易 v_t，创建两条边(v_c, v_t)和(v_t, v_m)。

❑　对于该图的每条边，分配一个权重（始终为正）代表交易金额（以美元为单位）。

由于在这种情况下，已经为每笔交易创建了一个节点，因此不需要聚合从客户到商家的多笔交易。

和二分法一样，三分法也允许有向图和无向图。图 8.2 显示了三分法的示意图。

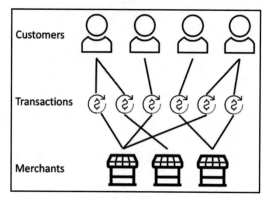

图 8.2　从输入数据集生成的三分图

原　　文	译　　文
Customers	客户
Transactions	交易
Merchants	商家

我们定义的三分图可以使用以下代码构建。

```
def build_graph_tripartite(df_input, graph_type=nx.Graph()):
    df = df_input.copy()
    mapping = {x:node_id for node_id,x in enumerate(set(df.
index.values.tolist() + df["cc_num"].values.tolist() +
df["merchant"].values.tolist()))}
    df["in_node"] = df["cc_num"].apply(lambda x: mapping[x])
    df["out_node"] = df["merchant"].apply(lambda x: mapping[x])
    G = nx.from_edgelist([(x["in_node"], mapping[idx]) for idx,
```

```
x in df.iterrows()] + [(x["out_node"], mapping[idx]) for idx, x
in df.iterrows()], create_using=graph_type)
    nx.set_edge_attributes(G,{(x["in_node"],
mapping[idx]):x["is_fraud"] for idx, x in df.iterrows()}, "label")
    nx.set_edge_attributes(G,{(x["out_node"],
mapping[idx]):x["is_fraud"] for idx, x in df.iterrows()}, "label")
    nx.set_edge_attributes(G,{(x["in_node"],
mapping[idx]):x["amt"] for idx, x in df.iterrows()}, "weight")
    nx.set_edge_attributes(G,{(x["out_node"],
mapping[idx]):x["amt"] for idx, x in df.iterrows()}, "weight")
    return G
```

上述代码非常简单。为了构建信用卡交易的三分图，使用了不同的 networkx 函数。具体来说，在该代码中执行的操作如下。

（1）构建了一个映射，为每个商家、客户和每笔交易分配一个 node_id。

（2）使用 networkx 函数 nx.from_edgelist 构建 networkx 图。

（3）为每条边分配两个属性，即 weight 和 label。前者表示两个节点之间的交易总额，而后者则表示该交易是真实交易还是欺诈交易。

从上述代码中也可以看出，我们可以选择构建有向图或无向图。可以通过调用以下函数来构建一个无向图。

```
G_tu = build_graph_tripartite(df, nx.Graph(name="Tripartite Undirect"))
```

或调用以下函数构建有向图。

```
G_td = build_graph_tripartite(df, nx.DiGraph(name="Tripartite Direct"))
```

唯一的区别在于构造函数中传递的第二个参数。

8.3.4　探索已生成的图

在以上介绍的形式化图表示中，真实交易被表示为边。根据二分图和三分图的这种结构，欺诈/真实交易的分类其实可被描述为边的分类任务。在此任务中，目标是为给定的边分配一个标签（0 表示真实交易，1 表示欺诈交易），即描述该边所代表的交易是欺诈交易还是真实交易。

在本章的其余部分，将使用二分无向图和三分无向图进行分析，分别由 Python 变量 G_bu 和 G_tu 表示。至于使用有向图进行分析的任务则作为一项练习留给读者。

现在让我们从一个简单的检查开始分析，使用以下代码验证上述操作获得的图是否为真正的二分图。

```
from networkx.algorithms import bipartite
all([bipartite.is_bipartite(G) for G in [G_bu,G_tu]]
```

结果为 True。该检查可确认这两个图是真正的二分图/三分图。

此外，使用以下命令可获得一些基本的统计信息。

```
for G in [G_bu, G_tu]:
 print(nx.info(G))
```

其输出结果如下。

```
Name: Bipartite Undirect
Type: Graph
Number of nodes: 1676
Number of edges: 201725
Average degree: 240.7220
Name: Tripartite Undirect
Type: Graph
Number of nodes: 267016
Number of edges: 530680
Average degree: 3.9749
```

可以看到，这两个图在节点数和边数上都不同。二分无向图有 1676 个节点，它实际上是客户数量加上商家数量，边数为 201725。三分无向图有 267016 个节点，实际上是客户数加上商家数再加上所有交易笔数。

在三分图中，边数高达 530680，比二分图要高得多，这也是意料之中的事。比较有趣的是，两个图的平均度数差很大，二分图的平均度数远高于三分图，这是由于在三分图中，连接因交易节点的存在而"分裂"，因此平均度较低。

接下来，将介绍如何使用已生成的交易图来执行更完整的统计分析。

8.4　网络拓扑和社区检测

本节将分析一些图指标，以了解图的一般结构。我们将使用 networkx 来计算在第 1 章"图的基础知识"中介绍过的大部分实用指标，并尝试通过解释这些指标来深入了解图。

8.4.1　网络拓扑结构

有一个很好的执行分析的起点，那就是提取简单的图指标，以便对二分交易图和三分交易图的主要属性有一个大致的了解。

首先可使用以下代码查看二分图和三分图的度数分布。

```
for G in [G_bu, G_tu]:
  plt.figure(figsize=(10,10))
  degrees = pd.Series({k: v for k, v in nx.degree(G)})
  degrees.plot.hist()
  plt.yscale("log")
```

输出结果如图 8.3 所示。

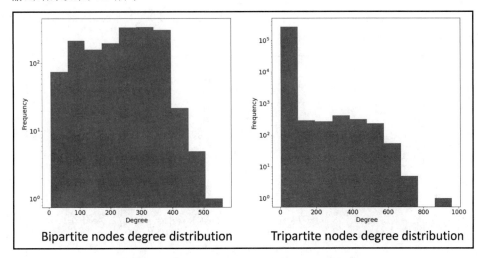

图 8.3　二分图（左）和三分图（右）的度分布

原　　文	译　　文
Bipartite nodes degree distribution	二分图节点度分布
Tripartite nodes degree distribution	三分图节点度分布

　　从图 8.3 中可以看出节点的分布如何反映之前看到的平均度数。更详细地说，就是二分图的分布更加多样化，峰值在 300 左右。而对于三分图，其分布在度数 2 处有一个大峰值，其他部分的分布则与二分图的分布相似。

　　这些分布完全反映了两个图定义方式的差异。事实上，如果说二分图是由从客户到商家的连接形成的，那么在三分图中，所有的连接都通过交易节点。这些节点是图中的大多数节点，它们的度数都为 2（从客户发出的边和到达商家的边）。因此，表示度 2 的峰值条中的频率实际上等于交易节点的数量。

　　现在可以通过分析边权重（Edges Weight）分布来继续探索图。

　　（1）计算分位数（Quantile）分布。

```
for G in [G_bu, G_tu]:
  allEdgesWeights = pd.Series({(d[0], d[1]): d[2]
["weight"] for d in G.edges(data=True)})
  np.quantile(allEdgesWeights.values,[0.10,0.50,0.70,0.9])
```

（2）输出结果如下。

```
array([ 5.03 , 58.25 , 98.44 , 215.656])
array([ 4.21, 48.51, 76.4 , 147.1 ])
```

（3）使用与之前相同的命令，还可以（使用对数刻度）绘制 edges weight 的分布，切割到第 90 个百分位数。结果如图 8.4 所示。

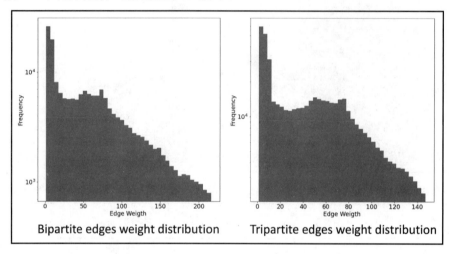

图 8.4　二分图的边权重分布（左）和三分图的边权重分布（右）

原　　文	译　　文
Bipartite edges weight distribution	二分图边权重分布
Tripartite edges weight distribution	三分图边权重分布

可以看到，由于具有相同客户和商家的交易的聚合，与未计算边权重的三分图相比，二分图的分布向右（高值）移动，表明它聚合了多个交易。

（4）现在来研究一下中介中心性（Betweenness Centrality）指标。它测量通过给定节点的最短路径的数量，从而了解该节点在网络内部传播信息的中心程度。可使用以下命令计算节点中心性的分布。

```
for G in [G_bu, G_tu]:
  plt.figure(figsize=(10,10))
  bc_distr = pd.Series(nx.betweenness_centrality(G))
```

```
bc_distr.plot.hist()
plt.yscale("log")
```

（5）其分布如图 8.5 所示。

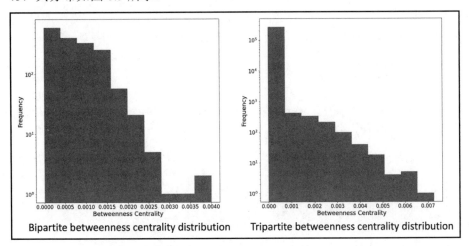

图 8.5　二分图的中介中心性分布（左）和三分图的中介中心性分布（右）

原　　文	译　　文
Bipartite betweenness centrality distribution	二分图中介中心性分布
Tripartite betweenness centrality distribution	三分图中介中心性分布

　　不出所料，这两个图的中介中心性都很低。由于网络内部存在大量非桥接节点，因此出现这一结果是可以理解的。

　　与我们在度分布中看到的类似，两个图中的中介中心性值的分布也是有区别的。事实上，如果说二分图具有更多样化的分布，其均值为 0.00072，那么在三分图中，交易节点就是移动分布值的主力，它将均值拉低到 1.38e-05。

　　此外，在本示例中，可以看到三分图的分布有一个很大的峰值，它代表交易节点，其余的分布则与二分图的分布非常相似。

　　（6）使用以下代码可计算两个图的同配性（Assortativity）。

```
for G in [G_bu, G_tu]:
    print(nx.degree_pearson_correlation_coefficient(G))
```

　　（7）其结果如下。

```
-0.1377432041049189
-0.8079472914876812
```

在这里，可以观察到两个图均具有负同配性，这可能表明网络中的高度值节点倾向于与低度值节点相连。对于二分图，该值较低（约为-0.14），这是因为低度数的客户仅与高度数的商家联系，而高度数商家的传入交易数量较多。三分图的同配性甚至更低（约为-0.81）。由于交易节点的存在，这种表现是意料之中的。事实上，这些节点总是有一个度数为2，它们链接到客户和商家，而商家是高度数的节点。

8.4.2　社区检测

现在可以执行另一个有趣的分析，即社区检测。此分析有助于识别特定的欺诈模式。

（1）执行社区提取的代码如下。

```
import community
for G in [G_bu, G_tu]:
    parts = community.best_partition(G, random_state=42, weight='weight')
    communities = pd.Series(parts) print(communities.
value_counts().sort_values(ascending=False))
```

在上述代码中，使用了 community 库来提取输入的图中的社区。然后打印由算法检测到的社区，根据它们包含的节点数进行排序。

（2）对于二分图，其输出结果如下。

```
5      546
0      335
7      139
2      136
4      123
3      111
8       83
9       59
10      57
6       48
11      26
1       13
```

（3）对于三分图，其输出结果如下。

```
11    4828
3     4493
26    4313
94    4115
8     4036
```

```
...
47           1160

103          1132
95            954
85            845
102           561
```

（4）由于三分图中的节点较多（共发现了 106 个社区），所以这里仅显示了其中的一部分。而对于二分图，共发现了 12 个社区。因此，为了获得更清晰的可视化结果，对于三分图，最好使用以下命令绘制包含在不同社区中的节点的分布。

```
community.value_counts().plot.hist(bins=20)
```

（5）其输出结果如图 8.6 所示。

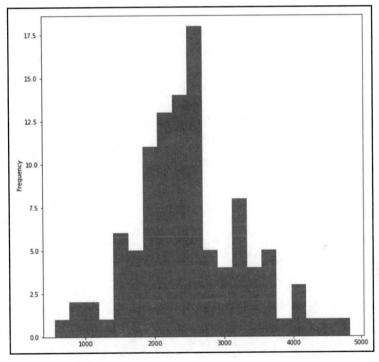

图 8.6　社区节点大小分布

从图 8.6 可以看到，在 2500 附近达到峰值。这意味着有 30 多个大型社区拥有 2000 个以上的节点。从该图中也可以看出，少数社区的节点数少于 1000 和超过 3000。

（6）对于算法检测到的每组社区，可以计算欺诈交易的百分比。此分析的目标是确定欺诈交易高度集中的特定子图。

```
graphs = []
d = {}
for x in communities.unique():
    tmp = nx.subgraph(G, communities[communities==x].index)
    fraud_edges = sum(nx.get_edge_attributes(tmp, "label").values())
    ratio = 0 if fraud_edges == 0 else (fraud_edges/tmp.
number_of_edges())*100
    d[x] = ratio
    graphs += [tmp]
print(pd.Series(d).sort_values(ascending=False))
```

（7）上述代码通过使用包含在特定社区中的节点来简单地生成节点子图。该图用于计算欺诈交易的百分比，作为欺诈边数与图中所有边数的比率。还可以使用以下代码绘制社区检测算法检测到的节点子图。

```
gId = 10
spring_pos = nx.spring_layout(graphs[gId])
 edge_colors = ["r" if x == 1 else "g" for x in
nx.get_edge_attributes(graphs[gId], 'label').values()]
nx.draw_networkx(graphs[gId], pos=spring_pos,
node_color=default_node_color, edge_color=edge_colors,
with_labels=False, node_size=15)
```

给定一个特定的社区索引 gId，该代码使用 gId 社区索引中可用的节点提取节点子图，并绘制获得的图。

（8）通过在二分图上运行这两种算法，可得到以下结果。

```
9      26.905830
10     25.482625
6      22.751323
2      21.993834
11     21.333333
3      20.470263
8      18.072289
4      16.218905
7       6.588580
0       4.963345
5       1.304983
1       0.000000
```

（9）对于每个社区，都有其欺诈边的百分比。为了更好地描述子图，可以通过使用

gId=10 执行上述代码来绘制社区 10。结果如图 8.7 所示。

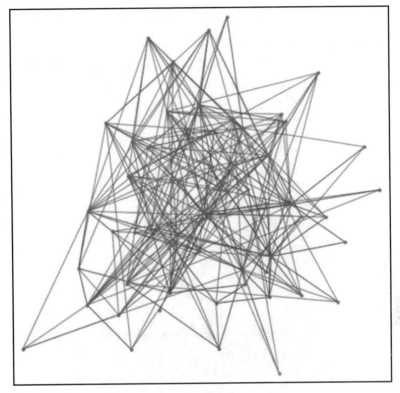

图 8.7　二分图的社区 10 的子图

　　（10）该子图的图像使我们能够更好地了解在数据中是否可见特定模式。在三分图上运行相同的算法，可得到以下输出。

```
6        6.857728
94       6.551151
8        5.966981
1        5.870918
89       5.760271
        ...
102      0.889680
72       0.836013
85       0.708383
60       0.503461
46       0.205170
```

（11）由于社区数量众多，因此可使用以下命令绘制欺诈与真实比率的分布。

```
pd.Series(d).plot.hist(bins=20)
```

（12）其输出结果如图 8.8 所示。

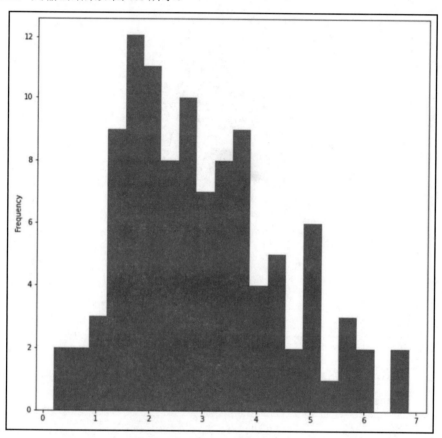

图 8.8　社区欺诈/真实边比率的分布

从图 8.8 中可以观察到，分布的很大一部分是在比例为 2～4 的社区周围。有少数社区的比例很低（<1）或很高（>5）。

（13）另外，对于三分图，可以绘制社区 6（比率为 6.86），由 1935 个节点组成，通过使用 gId=6 执行上述代码。

和二分图的用例一样，在图 8.9 中，可以看到一个有趣的模式，它可用于对一些重要的图的子区域进行更深入的探索。

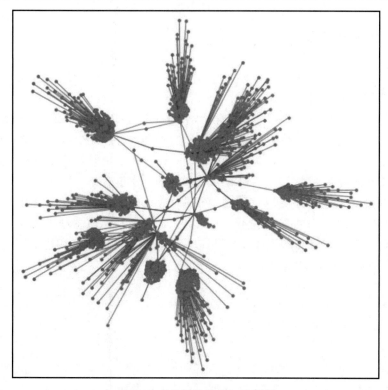

图 8.9　三分图的社区 6 的子图

　　本节执行了一些探索性任务以更好地理解图及其属性。我们还给出了一个示例，描述了如何使用社区检测算法来发现数据中的模式。接下来，我们将描述如何使用机器学习来自动检测欺诈交易。

8.5　有监督和无监督欺诈检测

　　本节将描述图机器学习算法如何使用前面描述的二分图和三分图来构建使用有监督和无监督方法进行欺诈检测的自动程序。如前文所述，交易由边表示，然后我们希望将每条边归入正确的类别：欺诈或真实。

　　用于执行分类任务的管道如下。

- ❏　不平衡任务的抽样程序。
- ❏　使用无监督嵌入算法为每条边创建特征向量。
- ❏　有监督和无监督机器学习算法在上一点定义的特征空间中的应用。

8.5.1 欺诈交易识别的有监督方法

由于本示例中的数据集严重不平衡，欺诈交易占总交易的 2.83%，因此需要应用一些技术来处理不平衡的数据。

本示例将应用一个简单的随机欠采样策略（Random Undersampling Strategy，RUS）。更深入地讲，我们将采用多数类（真实交易）的子样本来匹配少数类（欺诈性交易）的样本数量。这只是文献中可用的众多技术之一。还可以使用异常值检测算法，如隔离森林（Isolation Forest），将欺诈交易检测为数据中的异常值。

作为一项练习，读者还可以使用其他技术，如随机过采样（Random Oversampling Strategy，ROS）来扩展分析以处理不平衡数据，或使用成本敏感分类器进行分类任务。本书在第 10 章"图的新趋势"中描述了可以直接应用于图的节点和边采样的具体技术。

（1）用于随机欠采样的代码如下。

```
from sklearn.utils import resample
df_majority = df[df.is_fraud==0]
 df_minority = df[df.is_fraud==1]
df_maj_dowsampled = resample(df_majority, n_samples=len(df_minority),
random_state=42)
df_downsampled = pd.concat([df_minority, df_maj_dowsampled])
 G_down = build_graph_bipartite(df_downsampled, nx.Graph())
```

（2）上述代码简单明了。首先应用了 sklearn 包的 resample 函数对原始 DataFrame 的 downsample 函数进行过滤，然后使用本章开头定义的函数构建一个图。要创建三分图，应使用 build_graph_tripartite 函数。

接下来，即可按 80/20 的比例将数据集拆分为训练集和验证集。

```
from sklearn.model_selection import train_test_split
train_edges, val_edges, train_labels, val_labels =
train_test_split(list(range(len(G_down.edges))), list(nx.
get_edge_attributes(G_down, "label").values()),
test_size=0.20, random_state=42)
 edgs = list(G_down.edges)
train_graph = G_down.edge_subgraph([edgs[x] for x in
train_edges]).copy()
train_graph.add_nodes_from(list(set(G_down.nodes) -
set(train_graph.nodes)))
```

这一步的代码也很简单，因为只是应用了 sklearn 包的 train_test_split 函数。

（3）现在可以使用 Node2Vec 算法构建特征空间，如下所示。

```
from node2vec import Node2Vec
node2vec = Node2Vec(train_graph, weight_key='weight')
model = node2vec_train.fit(window=10)
```

如第 3 章"无监督图学习"中所述，node2vec 结果可用于构建边嵌入，以生成分类器将要使用的最终特征空间。

（4）执行此任务的代码如下。

```
from sklearn import metrics
from sklearn.ensemble import RandomForestClassifier
from node2vec.edges import HadamardEmbedder, AverageEmbedder,
WeightedL1Embedder, WeightedL2Embedder
classes = [HadamardEmbedder, AverageEmbedder, WeightedL1Embedder,
WeightedL2Embedder]
for cl in classes:
    embeddings = cl(keyed_vectors=model.wv)
    train_embeddings = [embeddings[str(edgs[x][0]),
str(edgs[x][1])] for x in train_edges]
    val_embeddings = [embeddings[str(edgs[x][0]),
str(edgs[x][1])] for x in val_edges]
    rf = RandomForestClassifier(n_estimators=1000, random_state=42)
    rf.fit(train_embeddings, train_labels)
    y_pred = rf.predict(val_embeddings)
    print(cl)
    print('Precision:', metrics.precision_score(val_labels, y_pred))
    print('Recall:', metrics.recall_score(val_labels, y_pred))
    print('F1-Score:', metrics.f1_score(val_labels, y_pred))
```

上述代码执行了以下步骤。

（1）对于每个 Edge2Vec 算法，使用之前计算的 Node2Vec 算法结果生成特征空间。

（2）来自 sklearn Python 库的 RandomForestClassifier 分类器将在上一步生成的特征集上进行训练。

（3）在验证测试中计算不同的性能指标，即精确率（Precision）、召回率（Recall）和 F1 值（F1-Score）。

上述代码可应用于二分图和三分图来解决欺诈交易检测任务。表 8.2 报告了应用于二分图之后的性能。

表 8.2　将有监督的欺诈边分类应用于二分图之后获得的性能

嵌 入 算 法	Precision	Recall	F1-Score
hadamard embedder	0.73	0.76	0.75
average embedder	0.71	0.79	0.75
weighted L1 embedder	0.64	0.78	0.70
weighted L2 embedder	0.63	0.78	0.70

表 8.3 报告了应用于三分图之后的性能。

表 8.3　将有监督的欺诈边分类应用于三分图之后获得的性能

嵌 入 算 法	Precision	Recall	F1-Score
hadamard embedder	0.89	0.29	0.44
average embedder	0.74	0.45	0.48
weighted L1 embedder	0.66	0.46	0.55
weighted L2 embedder	0.66	0.47	0.55

表 8.2 和表 8.3 报告了使用二分图和三分图获得的分类性能。从结果中可以看出，两种方法在 F1-Score、Precision 和 Recall 方面都表现出明显的差异。因为对于这两种图类型，Hadamard Embedder 和 Average Embedder 边嵌入算法给出了最有趣的结果，所以我们将重点关注这两个算法。

具体而言，与二分图相比，三分图具有更好的精度（三分图为 0.89 和 0.74，而二分图为 0.73 和 0.71）。

相比之下，二分图与三分图相比具有更好的召回率（二分图为 0.76 和 0.79，三分图为 0.29 和 0.45）。

因此可以得出结论，在这种特定情况下，使用二分图可能是更好的选择，因为与三分图相比，它在 F1 值方面实现了高性能，而图（从节点和边来说）却更小。

8.5.2　欺诈交易识别的无监督方法

同样的方法也可以应用于使用 k-means 算法的无监督任务。主要区别在于生成的特征空间不会进行训练和验证集的拆分。

在下面的代码中，我们将在按照下采样（Downsample）过程生成的整个图上计算 Node2Vec 算法。

```
nod2vec_unsup = Node2Vec(G_down, weight_key='weight')
unsup_vals = nod2vec_unsup.fit(window=10)
```

正如之前为有监督分析定义的那样，在构建节点特征向量时，可以使用不同的

Egde2Vec 算法来运行 k-means 算法，具体代码如下。

```
from sklearn.cluster import KMeans
classes = [HadamardEmbedder, AverageEmbedder, WeightedL1Embedder,
WeightedL2Embedder]
 true_labels = [x for x in nx.get_edge_attributes(G_down,
"label").values()]
for cl in classes:
    embedding_edge = cl(keyed_vectors=unsup_vals.wv)
    embedding = [embedding_edge[str(x[0]), str(x[1])] for x in
G_down.edges()]
    kmeans = KMeans(2, random_state=42).fit(embedding)
    nmi = metrics.adjusted_mutual_info_score(true_labels, kmeans.labels_)
    ho = metrics.homogeneity_score(true_labels, kmeans.labels_)
    co = metrics.completeness_score(true_labels, kmeans.labels_)
    vmeasure = metrics.v_measure_score(true_labels, kmeans.labels_)
    print(cl)
    print('NMI:', nmi)
    print('Homogeneity:', ho)
    print('Completeness:', co)
    print('V-Measure:', vmeasure)
```

在上述代码中执行了以下步骤。

（1）对于每个 Edge2Vec 算法，使用先前在训练集和验证集上计算的 Node2Vec 算法来生成特征空间。

（2）来自 sklearn Python 库的 k-means 聚类算法将在上一步生成的特征集上进行拟合。

（3）使用不同的性能指标，即调整后的归一化互信息（Normal Mutual Information，NMI）、同质性（Homogeneity）、完整性（Completeness）和 V-Measure 分数。

上述代码可应用于二分图和三分图，以使用无监督算法解决欺诈交易检测任务。表 8.4 报告了二分图应用之后的性能。

表 8.4　将无监督的欺诈边分类应用于二分图之后获得的性能

嵌 入 算 法	NMI	同 质 性	完 整 性	V-Measure
hadamard embedder	0.34	0.33	0.36	0.34
average embedder	0.07	0.07	0.07	0.07
weighted L1 embedder	0.06	0.06	0.06	0.06
weighted L2 embedder	0.05	0.05	0.05	0.05

表 8.5 报告了应用于三分图之后的性能。

表 8.5　将无监督的欺诈边分类应用于三分图之后获得的性能

嵌 入 算 法	NMI	同 质 性	完 整 性	V-Measure
hadamard embedder	0.44	0.44	0.45	0.44
average embedder	0.06	0.06	0.06	0.06
weighted L1 embedder	0.001	0.001	0.00	0.06
weighted L2 embedder	0.0004	0.0004	0.0004	0.0004

表 8.4 和表 8.5 分别报告了使用二分图和三分图以及应用无监督算法获得的分类性能。从结果中可以看到，两种方法表现出显著差异。另外值得注意的是，在这种情况下，使用 Hadamard Embedder 嵌入算法获得的性能明显优于所有其他方法。

如表 8.4 和表 8.5 所示，同样对于此任务，使用三分图获得的性能优于使用二分图获得的性能。在无监督的情况下，可以看到交易节点的引入提高了整体性能。

由此可见，在无监督设置中，对于这个特定用例，从表 8.4 和表 8.5 中获得的结果来看，使用三分图可能是更好的选择。

8.6　小　　结

本章详细阐释了如何将经典的欺诈检测任务描述为图问题，以及如何使用前文描述的技术来解决该问题。

具体而言，我们介绍了要使用的数据集，并描述了将交易数据转换为两种类型的图（即二分无向图和三分无向图）的过程，然后计算了两个图的局部指标（以及它们的分布）和全局指标，并比较了结果。

此外，本章还探讨了将社区检测算法应用于图，以发现和绘制交易图的特定区域。与其他社区相比，欺诈交易的密度更高。

最后，我们演示了如何使用有监督和无监督算法解决欺诈交易检测问题，比较了二分图和三分图的性能。由于数据集中欺诈交易与真实交易的样本不平衡，因此第一步是进行简单的下采样，然后，将不同的 Edge2Vec 算法结合随机森林应用于有监督任务，将 k-means 应用于无监督任务，以实现良好的分类性能。

本章总结了一系列示例，以演示图机器学习算法如何应用于属于不同领域的问题，如社交网络分析、文本分析和信用卡交易分析。

第 9 章将描述图数据库和图处理引擎的一些实际用途，它们有助于将分析扩展到大图。

第 9 章　构建数据驱动的图应用程序

到目前为止，本书已经从理论和实践两个方面提出了思路，使读者能够设计和实现利用图结构的机器学习模型。除了设计算法，将建模/分析管道嵌入稳健可靠的端到端应用程序中通常非常重要，在工业应用中尤其如此。我们的最终目标通常是设计和实现支持数据驱动决策和为用户提供及时信息的生产系统。

当然，创建这样一个依靠图的表示/建模的数据驱动应用程序确实是一项具有挑战性的任务，需要适当的设计，这远比简单地导入 networkx 要复杂得多。本章旨在为读者介绍在构建基于图的、可扩展的、数据驱动的应用程序时使用的关键概念和框架。

首先要介绍的是所谓的 Lambda 架构（Lambda Architecture），它提供了一个框架来构建需要大规模处理和实时更新的可扩展应用程序。

然后，我们将继续在图驱动应用程序（Graph- Powered Application）的背景下应用这个框架，即使用本书描述的技术来利用图结构的应用程序。本章将阐释其两个主要的分析组件：图处理引擎（Graph Processing Engine）和图查询引擎（Graph Querying Engine）。

最后，本章还将介绍共享内存机器和分布式内存机器中使用的一些技术，讨论其相似之处和不同之处。

本章包含以下主题。
- ❑　Lambda 架构概述。
- ❑　用于图驱动应用程序的 Lambda 架构。
- ❑　图处理引擎的技术和示例。
- ❑　图查询引擎和图数据库。

9.1　技术要求

本书所有练习都使用了包含 Python 3.8 的 Jupyter Notebook。以下代码片段显示了本章将使用 pip 安装的 Python 库列表。其使用方法为，在命令行中运行 pip install networkx==2.5 等。

```
networkx==2.5
neo4j==4.2.0
gremlinpython==3.4.6
```

与本章相关的所有代码文件都可以在以下网址获得。

https://github.com/PacktPublishing/Graph-Machine-Learning/tree/main/Chapter09

9.2　Lambda 架构概述

近年来，人们非常关注设计可扩展的架构。一方面，它允许处理大量数据；另一方面，它可以使用最新的可用信息实时提供答案、警报并进行操作。

此外，这些系统还需要能够通过水平方式（指添加更多服务器）或垂直方式（指使用性能更强大的服务器）增加资源来无缝扩展，从而容纳更多用户或更多数据。Lambda 架构就是这样一种特殊的数据处理架构，旨在以非常有效的方式处理大量数据并确保大吞吐量，减少延迟并确保容错和可忽略的错误。

Lambda 架构由以下 3 个不同的层组成。

❑　批处理层：该层位于（可能是分布式和可扩展的）存储系统之上，可以处理和存储所有历史数据，以及对整个数据集执行在线分析处理（Online Analytical Processing，OLAP）计算。新数据不断地被提取和存储，就像在传统的数据仓库系统中所做的那样。大规模处理通常通过大规模并行作业来实现，其目的是生成相关信息的聚合、结构化和计算。

在机器学习的背景下，依赖于历史信息的模型训练通常在这一层完成，从而生成一个训练模型，用于批量预测作业或实时执行。

❑　速度层：这是一个低延迟层，允许实时处理信息以提供及时的更新和信息。它通常由流处理提供，往往涉及不需要很长时间或很大负载的快速计算。

它产生的输出将与批处理层实时生成的数据集成，可以为在线事务处理（Online Transaction Processing，OLTP）操作提供支持。

速度层也可以很好地使用 OLAP 计算的一些输出，例如经过训练的模型。一般来说，实时使用机器学习建模的应用程序（例如，信用卡交易中使用的欺诈检测引擎）会嵌入其速度层训练模型中，这些模型可提供及时的预测并触发潜在欺诈的实时警报。库可以在事件级别（如 Apache Storm）或小批量（如 Spark Streaming）上运行，根据具体用例，对延迟、容错和计算速度的要求略有不同。

❑　服务层：服务层负责组织、构建和索引信息，以便快速检索来自批处理和速度层的数据。因此，服务层将批处理层的输出与速度层的最新和实时信息相结合，以便向用户提供统一且连贯的数据视图。

服务层可以由集成了历史聚合和实时更新的持久层组成。该组件可能基于某种数据库，可以是关系型的，也可以不是关系型的，可以方便地索引以减少延迟并允许快速检索相关数据。

信息通常通过与数据库的直接连接向用户公开，并且可以使用特定的域查询语言（如 SQL）访问，或者通过专用服务（如 RESTful API 服务器——在 Python 中可以使用多个框架，如 flask、fastapi 或 turbogear 实现），通过专门设计的端点提供数据。

图 9.1 显示了 Lambda 架构应用程序的示意图。

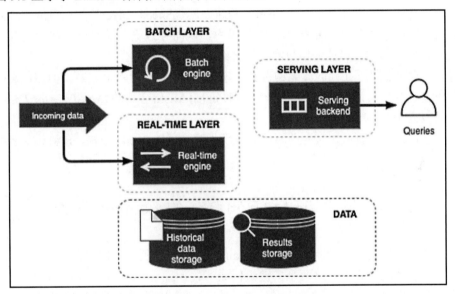

图 9.1 基于 Lambda 架构的应用程序的功能性示意图

原　　文	译　　文	原　　文	译　　文
BATCH LAYER	批处理层	Serving backend	服务后端
Batch engine	批处理引擎	Queries	查询
Incoming data	传入数据	Historical data storage	历史数据存储
REAL-TIME LAYER	实时层	Results storage	结果存储
Real-time engine	实时引擎	DATA	数据
SERVING LAYER	服务层		

Lambda 架构有多个优势激励和促进了它们的使用，特别是在大数据应用程序的背景下。下面列出了 Lambda 架构的一些主要优点。

❑ 无服务器管理：Lambda 架构设计模式通常会抽象功能层，并且不需要安装、维护或管理任何软件/基础设施。

❑ 灵活扩展：应用程序可以自动扩展或通过分别控制批处理层（如计算节点）和速度层（如 Kafka 代理）中使用的处理单元的数量进行扩展。

❑ 自动化的高可用性：由于它代表了一种无服务器设计，因此已经为其内置了可用性和容错能力。

❑ 业务敏捷性：实时响应不断变化的业务/市场应用场景。

虽然 Lambda 架构非常强大和灵活，但也有一些限制，这主要是由于存在两个相互关联的处理流程：批处理层（Batch Layer）和速度层（Speed Layer）。它可能需要开发人员为批处理和流处理构建和维护单独的代码库，从而导致更多的复杂性和代码开销，这也可能导致更难调试、可能的错位和问题升级。

以上仅简要概述了 Lambda 架构及其基本构建块。有关设计可扩展架构和最常用架构模式的更多详细信息，请参阅 Tomcy John 和 Pankaj Misra 合著的 *Data Lake for Enterprises*（《企业数据湖》）一书。

接下来，我们将演示如何为图驱动的应用程序实现 Lambda 架构，介绍其主要组件并探讨一些最常见的技术。

9.3　用于图驱动应用程序的 Lambda 架构

在处理可扩展的图驱动应用程序时，Lambda 架构的设计还体现在分析管道的两个关键组件之间的功能分离上，这两个关键组件如下。

❑ 图处理引擎（Graph Processing Engine），可对图结构执行计算以提取特征（如嵌入）、计算统计数据（如度分布、边数和团）、计算度量指标和关键性能指标（Key Performance Indicator，KPI），例如中心性指标和聚类系数，并确定通常需要 OLAP 的相关子图（如社区）。

❑ 图查询引擎（Graph Querying Engine），允许保存网络数据（通常通过图数据库完成）并提供快速的信息检索和高效的查询以及图遍历（通常通过图查询语言）。所有信息都已经保存在一些数据存储中（可能在内存中，也可能不在内存中），除一些最终聚合结果外（可能）不需要进一步的计算。对于这些结果来说，索引对于实现高性能和低延迟至关重要。

图 9.2 显示了用于图驱动应用程序的 Lambda 架构的示意图。

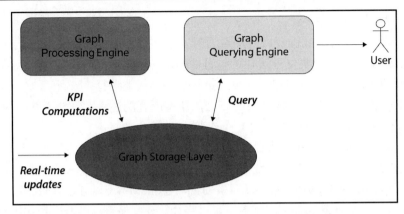

图 9.2 基于图的架构，主要组件也反映在 Lambda 架构模式中

原　　文	译　　文	原　　文	译　　文
Graph Processing Engine	图处理引擎	Query	查询
Graph Querying Engine	图查询引擎	Real-time updates	实时更新
User	用户	Graph Storage Layer	图存储层
KPI Computations	KPI 计算		

　　图处理引擎位于批处理层的顶部，其产生的输出可以在适当的图数据库中存储和索引。这些数据库是图查询引擎的后端，可以方便快捷地检索相关信息，代表服务层使用的操作视图。根据具体用例和图的大小，在同一基础架构之上运行图处理引擎和图查询引擎一般来说是有意义的。

　　该框架不是将图存储在低级存储层（如文件系统、HDFS 或 S3）上，而是有可以同时支持在线分析处理（OLAP）和在线事务处理（OLTP）的图数据库选项。同时，它们也可以提供一个后端持久层，其中存储了批处理层处理的历史信息以及来自速度层的实时更新，以及服务层可以高效查询的信息。

　　与其他用例相比，这种情况对于图驱动、数据驱动的应用程序来说确实非常特殊。历史数据通常提供一个拓扑结构，可以在其上存储新的实时更新和 OLAP 输出（包括 KPI、数据聚合、嵌入、社区等）。该数据结构还可以表示稍后将由服务层查询的信息。

9.3.1 图处理引擎

　　要为图处理引擎选择正确的技术，估计网络在内存中的大小至关重要。这种估计需要与目标架构的容量进行比较，当目标是快速构建一个最小可行产品（Minimum Viable Product，MVP）时，用户可以从使用非常简单的框架开始，因为这样的框架允许在项目的第一阶段进行快速原型设计。

但是，当性能和可扩展性变得更加重要时，这些框架就应该被更先进的工具取代。微服务（Microservice）模块化方法和这些组件的适当结构将允许独立于应用程序其余部分的技术/库切换以针对特定问题，这也将指导后端堆栈的选择。

图处理引擎需要快速访问整个图的信息，即将所有的图保存在内存中，并且根据应用环境，用户可能需要也可能不需要分布式架构。

在第 1 章"图的基础知识"中已经介绍过，在处理相当小的数据集时，networkx 是一个很好的构建图处理引擎的库。当数据集变大，但它们仍然可以放入单个服务器或共享内存机器时，可以考虑使用其他库以减少计算时间。在 networkx 以外，有些图算法是使用性能更高的语言（如 C++或 Julia）实现的，可以将计算速度显著提高两个数量级以上。

当然，在某些情况下，数据集的增长可能非常迅猛，以至于即使使用容量不断增加的共享内存机器（胖节点）在技术上也已经不堪重负，或者在经济上不再可行。在这种情况下，可以考虑将数据分布在数十或数百个计算节点的集群上，从而允许进行水平扩展。在这些情况下，可以支持图处理引擎的两个最流行的框架如下。

❑ Apache Spark GraphX，它是处理图结构的 Spark 库模块，其网址如下。

https://spark.apache.org/graphx

它涉及对顶点和边使用弹性分布式数据集（Resilient Distributed Dataset，RDD）的图的分布式表示。

整个计算节点的图重新划分可以通过两种方式来完成：一是边切割（Edge-Cut）策略，逻辑上对应于在多台机器之间划分节点；二是顶点切割（Vertex-Cut）策略，逻辑上对应于将边分配给不同的机器，并允许顶点跨越多台机器。

尽管使用 Scala 编写，但 GraphX 同样具有 R 和 Python 的包装器。GraphX 已经实现了一些算法，如 PageRank、连通分支（Connected Component）和三角形计数（Triangle Counting）。还有其他库也可以在 GraphX 之上用于其他算法，如 SparklingGraph，它实现了更多的中心性度量。

❑ Apache Giraph，这是一个为高可扩展性而构建的迭代图处理系统，其网址如下。

https://giraph.apache.org/

它由 Facebook 开发，用于分析由用户及其连接形成的社交图。

它建立在 Hadoop 生态系统之上，可释放大规模结构化数据集的潜力。Giraph 是用 Java 原生编写的，并且与 GraphX 类似，也为一些基本的图算法（如 PageRank 和最短路径）提供了可扩展的实现。

当考虑向外扩展到分布式生态系统时，应该始终牢记，可用的算法选择比在共享机器环境中要小得多。这通常是由于以下两个原因。

首先，由于节点之间的通信，以分布式方式实现算法比在共享机器中要复杂得多，这也降低了整体效率。

其次，更重要的是，大数据分析的一个基本准则是，只有（几乎）随数据点数量线性扩展的算法才应实施，以确保解决方案的水平可扩展性（扩展的方法就是随着数据集的增加而增加计算节点）。

从这一方面来说，Giraph 和 GraphX 都允许使用基于 Pregel 的标准接口定义可扩展的、以顶点为中心的迭代算法，这可以看作图的迭代映射-归约（Map-Reduce）操作的一种等价物（实际上，是迭代映射-归约操作将应用于三元组节点-边-节点实例）。Pregel 计算由一系列迭代组成，每个迭代称为超步（Superstep），每个超步都涉及一个节点及其邻居。

在超步 S 迭代期间，用户定义的函数应用于每个顶点 V。该函数可将超步 S−1 发送到 V 的消息作为输入，并修改 V 及其传出的边的状态。该函数代表映射阶段，可以很容易地并行化。除了计算 V 的新状态，该函数还向连接到 V 的其他顶点发送消息，这些顶点将在超步 S+1 处接收此信息。

消息通常沿传出的边发送，但消息可以发送到已知标识符的任何顶点。图 9.3 显示了计算网络最大值时 Pregel 算法的示意图。有关此算法的详细信息，可参阅由 Malewicz 等于 2010 年撰写的原始论文 *Pregel: A System for Large-Scale Graph Processing*（《Pregel：一种用于大规模图处理的系统》）。

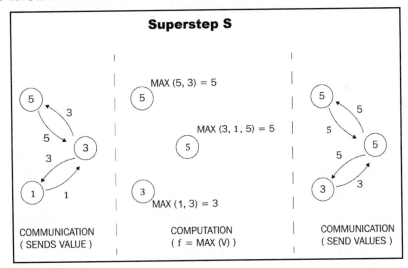

图 9.3　使用 Pregel 计算节点属性最大值的示例

原　　文	译　　文
Superstep S	超步 S
COMMUNICATION(SENDS VALUE)	通信（发送值）
COMPUTATION	计算

通过使用 Pregel，开发人员可以按非常高效和通用的方式轻松实现其他算法，例如 PageRank 或连通分支（Connected Component），甚至可以实现节点嵌入的并行变体。有关该实现的详细信息，可参阅 Riazi 和 Norris 于 2020 年发表的论文 *Distributed-Memory Vertex-Centric Network Embedding for Large-Scale Graph*（《大规模图的分布式内存以顶点为中心的网络嵌入》）。

9.3.2　图查询层

在过去的 10 年中，由于非结构化数据的大量传播，NoSQL 数据库开始受到相当大的关注和重视。图数据库（Graph Database）就属于其中的佼佼者，它非常强大，可以根据实体之间的关系存储信息。事实上，在许多应用程序中，数据天然地可以被视为实体，以节点属性的形式与元数据相关联，通过边连接，边也具有进一步描述实体之间关系的属性。

图数据库已经出现了不少库或工具，如 Neo4j、OrientDB、ArangoDB、Amazon Neptune、Cassandra 和 JanusGraph（以前称为 TitanDB）。

允许查询和遍历底层图的语言，称为图查询语言（Graph Querying Language）。

9.3.3　Neo4j

Neo4j 无疑是目前最常见的图数据库，它拥有庞大的社区支持。其网址如下。

https://neo4j.com/

Neo4j 有两个版本。

❑　Community Edition（社区版），在 GPL v3 许可下发布，允许用户/开发人员在他们的应用程序中公开包含 Neo4j。

❑　Enterprise Edition（企业版），专为规模和可用性至关重要的商业部署而设计。

Neo4j 可以通过分片（Sharding）技术扩展到相当大的数据集，即将数据分布在多个节点上，并在数据库的多个实例上并行查询和聚合。此外，Neo4j 联邦（Federation）还允许查询较小的分离图（有时甚至可以使用不同的模式），就好像它们是一个大图一样。

Neo4j 的优点是它的灵活性（允许架构进化）和它的用户友好性。特别是，Neo4j 中的很多操作都可以通过它的查询语言 Cypher 来完成。Cypher 非常直观易学,可以将它视为图数据库中 SQL 的对应物。

想要试用 Neo4j 和 Cypher 也非常容易。读者可以通过 Docker 安装社区版,也可以使用在线沙盒版本,其网址如下。

https://neo4j.com/sandbox/

使用在线沙盒版本时,可以导入一些内置数据集,例如 Movie(电影)数据集,并开始使用 Cypher 查询语言进行查询。该 Movie 数据集包括 38 部电影和 133 人的数据(这些人包括演员、导演、编剧、评论和制作人等)。

🛈 注意:

Neo4j 世界中的许多工具都来自 1999 年发行的电影 The Matrix(《黑客帝国》),在该片中,Neo(尼奥)是主角,Cypher(赛弗)是一个叛徒。APOC 插件是 Cypher 的扩展,而 Apoc 也是这部电影中的一个角色。

Neo4j 本地部署版本和在线版本都拥有对用户非常友好的 UI,允许用户查询和可视化数据。例如,要列出 Movie 数据集中的 10 个演员,只需查询以下内容。

```
MATCH (p: Person) RETURN p LIMIT 10
```

Neo4j 可以轻松利用有关数据点之间关系的信息。例如,当看到数据库中出现了一个演员——Keanu Reeves(基努·里维斯)时,用户可能想知道在列出的电影中与他合作过的演员都有谁,这时可以使用以下查询轻松检索此信息。

```
MATCH (k: Person {name:"Keanu Reeves"})-[:ACTED_IN]-(m: Movie)-
[:ACTED_IN]-(a: Person) RETURN k, m, a
```

该查询通过声明我们感兴趣的路径,在语法中直观地指示了如何遍历图。其输出结果如图 9.4 所示。

除 Cypher 语言外,还可以使用 Gremlin 查询数据。Gremlin 是图数据库中主流的查询语言,它也被形容为图数据库的通用接口。

Neo4j 还提供了与多种编程语言的绑定,如 Python、JavaScript、Java、Go、Spring 和.NET。特别是对于 Python,有多个库都可以实现与 Neo4j 的连接,如 neo4j、py2neo 和 neomodel,其中 neo4j 是官方支持的,并可通过二进制协议提供与数据库的直接连接。它只要寥寥几行代码即可创建到数据库的连接并运行查询。

```
from neo4j import GraphDatabase
driver = GraphDatabase("bolt://localhost:7687", "my-user", "my-password")
```

```
def run_query(tx, query):
    return tx.run(query)
with driver.session() as session:
    session.write_transaction(run_query, query)
```

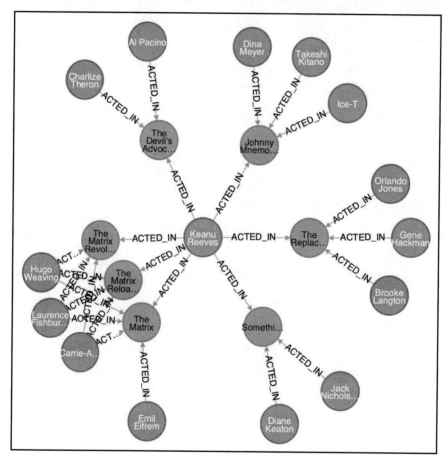

图 9.4　Neo4j UI 示例，使用 Cypher 查询语言检索 Movie 数据集中与基努·里维斯合作过的演员

这里的 query 可以是任何 Cypher 查询语句。例如，之前编写的用于检索 Keanu Reeves 合作演员的查询。

9.3.4　JanusGraph

Neo4j 是一款非常棒的软件，当用户想要快速完成工作时，它是无与伦比的。Neo4j

也确实是一个适合生产环境的图数据库，在敏捷性至关重要的最小可行产品（MVP）中尤其出色。

然而，随着数据的持续增加，其基于分片和将大图分解为更小的子图的可扩展性解决方案可能并不是最佳选择。

当数据量大幅增加时，用户可能应该开始考虑其他图数据库选项。再次强调，只有当用例需求开始达到 Neo4j 的可扩展性限制时才应该这样做。

在这种情况下有若干种选择。其中一些选择是使用商业产品，如 Amazon Neptune 或 Cassandra。但是，也可以使用开源选项。

其中，我们认为值得一提的是 JanusGraph，其网址如下。

https://janusgraph.org/

这是一款特别有趣的软件。JanusGraph 是之前名为 TitanDB 的开源项目的演变，现在是 Linux 基金会下的一个官方项目，还得到了技术领域顶级参与者的支持，如 IBM、Google、Hortonworks、Amazon、Expero 和 Grakn Labs。

JanusGraph 是一个可扩展的图数据库，旨在存储和查询分布在多机集群中的具有数千亿个顶点和边的图。实际上，JanusGraph 本身并没有存储层，而是使用了一个以 Java 编写的组件，位于其他数据存储层之上，例如以下几种。

❏ Google Cloud Bigtable，它是基于 Google 文件系统构建的专有数据存储系统的云版本，旨在扩展分布在数据中心的海量数据。有关详细信息，可参考 Fay Chang 等于 2006 年发表的论文 *Bigtable: A Distributed Storage System for Structured Data*（《Bigtable：结构化数据的分布式存储系统》）。

Google Cloud Bigtable 的网址如下：

https://cloud.google.com/bigtable

❏ Apache HBase，这是一个非关系型数据库，在 Hadoop 和 HDFS 之上提供了 Bigtable 功能，从而确保类似的可扩展性和容错性。其网址如下。

https://hbase.apache.org/

❏ Apache Cassandra，这是一个开源的分布式 NoSQL 数据库，允许处理跨越多个数据中心的海量数据。其网址如下。

https://cassandra.apache.org/

❏ ScyllaDB，专为实时应用程序设计，与 Apache Cassandra 兼容，同时可显著提高吞吐量和降低延迟。其网址如下。

https://www.scylladb.com/

因此，JanusGraph 继承了可扩展解决方案的所有良好特性，如可扩展性、高可用性和容错性，并在它们之上抽象了图视图。

通过与 ScyllaDB 的集成，JanusGraph 可实现极其快速、可扩展和高吞吐量的应用程序。除此之外，JanusGraph 还集成了可以基于 Apache Lucene、Apache Solr 和 Elasticsearch 的索引层，以便在图中实现更快的信息检索和搜索功能。

高度分布式后端和索引层的使用允许 JanusGraph 扩展到具有数千亿个节点和边的巨大图，有效处理所谓的超级节点（Supernode）。换句话说，就是度数非常大的节点，这样的节点经常出现在现实世界的应用程序中。例如，在第 1 章“图的基础知识”中介绍过一个非常著名的真实网络模型，即 Barabasi-Albert 模型。该模型生成的网络对节点之间的连接性表现出幂律分布的特性，即度数越大的节点越容易产生更多的连接，从而自然在图中出现超级节点。

在大型图中，超级节点通常是应用程序的潜在瓶颈，尤其是当业务逻辑需要遍历经过它们的图时。在图遍历期间，如果拥有可以帮助仅快速过滤相关边的属性，则可以显著加快该过程并获得更好的性能。

JanusGraph 公开了一个标准 API，用于通过 Apache TinkerPop 库查询和遍历图，这是一个开源的、与供应商无关的图计算框架。其网址如下。

https://tinkerpop.apache.org/

TinkerPop 提供了一个标准接口，可使用 Gremlin 图遍历语言查询和分析底层图。因此，所有与 TinkerPop 兼容的图数据库系统都可以相互无缝集成。也因为如此，TinkerPop 允许开发人员构建不依赖于后端技术的“标准”服务层，让用户可以根据实际需要自由地为自己的应用程序选择/更改适当的图技术。

事实上，现在大多数图数据库（甚至之前讨论过的 Neo4j）都具有与 TinkerPop 集成的功能，可以在后端图数据库之间无缝切换并避免受限于任何供应商。

除 Java 连接器外，由于 gremlinpython 库的存在，Gremlin 还具有直接的 Python 绑定，允许 Python 应用程序连接和遍历图。

要查询图结构，首先需要连接到数据库，这可以使用以下命令。

```
from gremlin_python.driver.driver_remote_connection import
DriverRemoteConnection
connection = DriverRemoteConnection(
```

```
    'ws://localhost:8182/gremlin', 'g'
)
```

创建连接后即可实例化 GraphTraversalSource（它是所有 Gremlin 遍历的基础），并将其绑定到刚刚创建的连接。

```
from gremlin_python.structure.graph import Graph
from gremlin_python.process.graph_traversal import __
graph = Graph()
g = graph.traversal().withRemote(connection)
```

实例化 GraphTraversalSource 之后，即可在整个应用程序中重用它来查询图数据库。如果我们已经将之前介绍过的 Movie 图数据库导入 JanusGraph，那么现在即可使用 Gremlin 重写之前的 Cypher 查询，以查找 Keanu Reeves 的所有合作演员。

```
co_actors = g.V().has('Person', 'name', 'Keanu Reeves').
out("ACTED_IN").in("ACTED_IN").values("name")
```

从上述代码行可以看出，Gremlin 是一种函数式语言，其中运算符组合在一起以形成类似路径的表达式。

9.3.5　在 Neo4j 和 GraphX 之间进行选择

究竟应该使用 Neo4j 还是 GraphX？这是一个经常被问到的问题。但是，正如我们之前所解释的那样，这两个软件并不是真正的竞争对手，而是针对不同的需求。Neo4j 允许以类似图的结构存储信息并查询数据，而 GraphX 可以按分析的方式处理图（特别是处理具有很大维度的图）。

虽然用户也可以将 Neo4j 用作处理引擎（实际上，Neo4j 生态系统中有一个 Graph Data Science 库，它就是一个实际的处理引擎），而 GraphX 也可以用作在内存中存储的图的处理框架，但这两种用法都不是最佳做法，并不提倡这样做。

图处理引擎通常计算存储在图数据库层中的 KPI（可能被索引，以使查询和排序变得高效）供以后使用。因此，GraphX 等技术并不与 Neo4j 等图数据库构成竞争关系，它们可以很好地共存于同一个应用程序中以服务于不同的目的。

正如本章在前面的介绍中所强调的，即使在 MVP 和早期阶段，也最好将图处理引擎和图查询引擎这两个组件分开，并为每个组件使用适当的技术。

这两种用例都存在简单且易于使用的库和工具，我们强烈建议读者正确使用它们，以构建可无缝扩展且稳定可靠的应用程序。

9.4　小　　结

　　本章详细阐释了设计、实现和部署基于图的数据驱动应用程序的基本概念，这些应用程序需要利用图建模和图结构。我们强调了模块化方法的重要性，这通常是将任何数据驱动用例从早期 MVP 无缝扩展到可以处理大量数据和大型计算性能的生产系统的关键。

　　本章介绍了主要的架构模式，它可为读者设计数据驱动应用程序的主干结构指明方向。我们还讨论了作为图驱动应用程序基础的主要组件：图处理引擎、图数据库和图查询语言。对于每个组件，我们都提供了常用工具和库的介绍，并附有可帮助读者构建和实施解决方案的实际示例。因此，现在读者应该对目前的主要技术以及它们的用途有一个很好的了解。

第 10 章　图的新趋势

在本书前面的章节中介绍了一些有监督和无监督算法，它们可用于解决有关图数据结构的广泛问题。然而，关于图机器学习的科学文献数量庞大且仍在不断发展，每个月都会发布新算法。因此，本章将介绍有关图机器学习的一些新技术和应用。

本章将分为两个主要部分——高级算法和应用。

第一部分主要致力于描述图机器学习领域的一些有趣的新技术。读者将了解一些数据采样和数据增强技术，它们基于图的随机游走和生成神经网络。此外，该部分还将介绍拓扑数据分析，这是一种用于分析高维数据的相对新颖的工具。

第二部分将介绍图机器学习在不同领域的一些有趣应用。

阅读完本章之后，读者将意识到，查看数据之间的关系可以为自己打开一扇门，门后面是各种新颖有趣的解决方案。

本章包含以下主题。

❑　了解图的数据增强技术。

❑　了解拓扑数据分析。

❑　图论在新领域的应用。

10.1　技　术　要　求

本书所有练习都使用了包含 Python 3.6.9 的 Jupyter Notebook。以下代码片段显示了本章将使用 pip 安装的 Python 库列表。其使用方法为，在命令行中运行 pip install networkx==2.5 等。

```
networkx==2.5
littleballoffur==2.1.8
```

10.2　了解图的数据增强技术

本书在第 8 章"信用卡交易的图分析"中，介绍了如何使用图机器学习来研究和自动检测信用卡欺诈交易。该用例有两个主要的障碍。

❏　原始数据集中的节点太多无法处理。即，计算成本太高而无法计算。这就是为什么我们只选择了数据集的20%。

❏　从原始数据集中，我们看到只有不到1%的数据被标记为欺诈交易，而其他99%的数据包含的都是真实交易。这就是为什么在执行边的分类任务期间，需要随机对数据集进行二次采样。

我们用来解决这两个障碍的技术通常都不是最佳的。对于图数据来说，需要更复杂和创新的技术来解决任务。此外，当数据集高度不平衡时（第8章"信用卡交易的图分析"中的示例数据集就是这种情况），可以使用异常检测算法来解决这个问题。

本节将介绍可用于解决上述问题的一些技术和算法。我们将从图采样问题开始，然后介绍一些图数据增强技术。在此过程中还将分享一些有用的参考资料和Python库。

10.2.1　采样策略

在第8章"信用卡交易的图分析"中，为了执行边的分类任务，采取的方法是仅对整个数据集的20%进行采样。遗憾的是，这种策略一般来说并不是最优的。事实上，使用这种简单策略选择的节点子集可能会生成一个不代表整个图拓扑结构的子图。因此，我们需要定义一种通过对正确节点进行采样来构建给定图的子图的策略。通过最小化拓扑信息的损失从给定的（大）图构建（小）子图的过程称为图采样（Graph Sampling）。

要全面了解图采样算法，建议阅读论文 *Little Ball of Fur: A Python Library for Graph Sampling*（《Little Ball of Fur：用于图形采样的Python库》），其网址如下。

https://arxiv.org/pdf/2006.04311.pdf

使用networkx库的Python实现可从以下网址获得。

https://github.com/benedekrozemberczki/littleballoffur

该库中可用的算法可以分为节点和边采样算法。这些算法分别对图绑定中的节点和边进行采样。结果就是，可以从原始图中得到一个节点或边生成的子图。作为一项练习，读者可以使用littleballoffur Python包中提供的不同图采样策略来执行第8章"信用卡交易的图分析"中提出的分析。

10.2.2　探索数据增强技术

当我们要处理不平衡数据时，数据增强（Data Augmentation）是一种常用技术。
在数据不平衡问题中，通常有来自两个或更多类的标记数据。对于数据集中的一个或多个类，只有少数样本可用。包含少量样本的类也称为少数（Minority）类，而包含大量样本的类则称为多数（Majority）类。

例如，在第 8 章"信用卡交易的图分析"的用例中，有一个明显不平衡的数据集示例。在输入的数据集中，只有 1%的交易被标记为欺诈（少数类），而其他 99%是真实交易（多数类）。在处理经典数据集时，通常使用随机下采样或上采样，或使用数据生成算法（如 SMOTE）来解决该问题。

然而，对于图数据，这个过程可能并不那么容易，因为生成新节点或图不是一个简单的过程。这是由于存在复杂的拓扑关系。在过去 10 年中，研究人员已经提出了大量的数据增强图算法。以下将介绍两种最新的算法，即 GAug 和 GRAN。

GAug 算法是一种基于节点的数据增强算法。提出该算法的论文是 *Data Augmentation for Graph Neural Networks*（《图神经网络的数据增强》），其网址如下。

https://arxiv.org/pdf/2006.06830.pdf

该库的 Python 代码网址如下。

https://github.com/zhao-tong/GAug

该算法可用于需要执行边或节点分类的用例（第 8 章"信用卡交易的图分析"中的示例就是这样的用例），其中属于少数类的节点可以使用该算法进行扩充。作为一项练习，读者可以使用 GAug 算法扩展第 8 章"信用卡交易的图分析"中的分析。

GRAN 算法是一种基于图的数据增强算法。提出该算法的论文是 *Efficient Graph Generation with Graph Recurrent Attention Networks*（使用图循环注意网络高效生成图），其网址如下。

https://arxiv.org/pdf/1910.00760.pdf

该库的 Python 代码可从以下 URL 获得。

https://github.com/lrjconan/GRAN

当需要处理图分类/聚类问题时，该算法对于生成新图很有用。例如，如果我们正在处理一个不平衡的图分类问题，那么使用 GRAN 算法为数据集创建一个平衡步骤然后再执行分类任务可能会很有用。

10.3 了解拓扑数据分析

拓扑数据分析（Topological Data Analysis，TDA）是一种相当新颖的技术，用于提取量化数据形状（Shape of Data）的特征。这种方法背后的思想是，通过观察数据点在特定空间中的组织方式，可以揭示有关生成它的过程的一些重要信息。

应用 TDA 的主要工具是持久同源性（Persistent Homology）。这种方法背后的数学相当先进，下面通过一个例子来介绍这个概念。假设有一组分布在空间上的数据点，我们随着时间的推移来"观察"它们。点是静态的（它们不会在空间中移动），因此，我们观察到的永远都是这些独立的点。但是，如果我们可以通过一些明确定义的规则将这些数据点连接在一起，从而在这些数据点之间创建关联。特别是，想象有一些球体可以随着时间从这些点处扩展。每个点都有自己的扩展球体，一旦两个球体碰撞，那么这两个点之间就可以放置一条"边"，如图 10.1 所示。

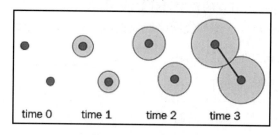

图 10.1　创建点之间的关系的示例

碰撞的球体越多，创建的关联就越多，放置的边也就越多。当多个球体与更复杂的几何结构（如三角形、四面体等）相交时，就会发生如图 10.2 所示的情况。

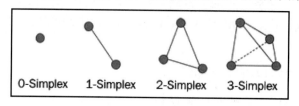

图 10.2　点之间的连接生成几何结构的示例

当一个新的几何结构出现时，我们可以注意到它的"诞生"时间。另一方面，当现有的几何结构消失（例如，它成为更复杂的几何结构的一部分）时，我们可以注意到它的"死亡"时间。在模拟过程中观察到的每个几何结构的生存时间（出生和死亡之间的时间）可以用来分析原始数据集的新特征。

我们还可以通过将每个结构的对应对（出生、死亡）放置在一个双轴系统上来定义所谓的持久性图（Persistent Diagram）。靠近对角线的点通常反映噪声，而远离对角线的点则代表持久性特征。

图 10.3 显示了持久性图的一个示例。请注意，我们以扩展"球体"为例描述了整个

过程。在实践中，可以改变这个扩展形状的维度（例如，使用 2D 圆），从而为每个维度生成一组特征（通常使用字母 H 表示）。

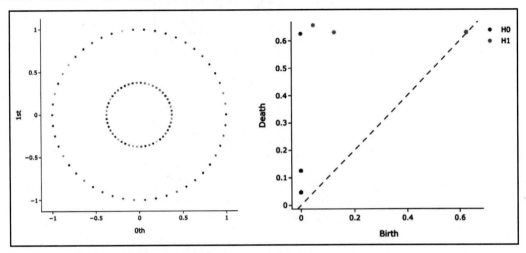

图 10.3　2D 点云示例（右）及其对应的持久性图（左）

有一个用于执行拓扑数据分析的优秀 Python 库是 giotto-tda，可通过以下网址获得。

https://github.com/giotto-ai/giotto-tda

使用 giotto-tda 库可以轻松构建单纯复形及其相对持久性图。

10.4　拓扑机器学习

在理解了拓扑数据分析（TDA）背后的基础知识之后，现在让我们看看如何将它用于机器学习。通过为机器学习算法提供拓扑数据（如持久性特征），即可捕获其他传统方法可能会遗漏的模式。

在 10.3 节"了解拓扑数据分析"中，我们看到持久性图对于描述数据很有用。然而，使用它们来给机器学习算法（如 RandomForest）提供输入并不是一个好的选择。例如，不同的持久性图可能具有不同的点数，并且基本的代数运算可能不会被很好地定义。

克服这种限制的一种常见方法是将图转换为更合适的表示。嵌入或内核方法可用于获得图的"矢量化"表示。此外，诸如持久性图像（Persistence Image）、持久性景观（Persistence Landscape）和 Betti 曲线（Betti Curve）等高级表示方法已被证明在实际应用中非常有用。例如，持久性图像（见图 10.4）是持久性图的二维表示，可以轻松地输入卷积神经网络。

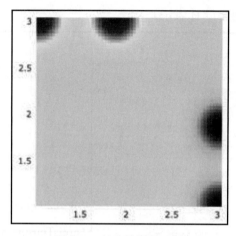

图 10.4　持久性图像示例

　　该理论产生了若干种可能性，并且其发现仍然与深度学习有关。不断有一些新想法被提出，使该主题成为一个颇有吸引力的热门课题。

　　拓扑数据分析是一个快速发展的领域，特别是因为它可以与机器学习技术相结合。每年都有几篇关于该主题的科学论文发表，期待不久的将来它会有新的令人兴奋的应用。

10.5　图论在新领域的应用

　　近年来，由于对图机器学习的理论理解更加扎实，以及可用存储空间和计算能力的增加，图机器学习理论正在广泛传播到许多领域。随便想象一下，你就可以将周围的世界视为一组"节点"和"链接"。我们的工作或学习场所、我们每天使用的技术设备，甚至我们的大脑都可以用网络来表示。本节将探讨一些示例，以说明图论（和图机器学习）如何应用于显然不相关的领域。

10.5.1　图机器学习和神经科学

　　图论对大脑的研究是一个蓬勃发展的领域。目前人们已经研究了若干种将大脑表示为网络的方法，目的是了解大脑的不同部分（节点）在功能上或结构上如何相互连接。

　　借助诸如磁共振成像（Magnetic Resonance Imaging，MRI）之类的医学技术，我们可以获得大脑的三维图像。这样的图像可以通过不同类型的算法进行处理，以获得大脑的不同分区（Parcellation）。

我们可以通过不同的方式定义这些区域之间的连接，这取决于我们是否对分析它们的功能或结构连接性感兴趣。

❑ 功能性磁共振成像（functional Magnetic Resonance Imaging，fMRI）是一种用于测量大脑的某个部分是否"活跃"的技术。具体而言，它测量每个区域的血氧水平依赖性（Blood-Oxygen-Level-Dependent，BOLD）信号（指示特定时间血氧水平变化的信号）。然后，可以计算两个感兴趣的大脑区域的 BOLD 系列之间的 Pearson 相关性。高相关性意味着这两个部分"在功能上是有连接的"，即可在它们之间放置一条边。有一篇以图的方式分析 fMRI 数据的有趣论文是 *Graph-based network analysis of resting-state functional MRI*（《静息状态功能性 MRI 的基于图的网络分析》），其网址如下。

https://www.frontiersin.org/articles/10.3389/fnsys.2010.00016/full

❑ 另一方面，通过使用弥散张量成像（Diffusion Tensor Imaging，DTI）等先进的 MRI 技术，我们还可以测量物理连接两个感兴趣的大脑区域的白质纤维束的强度。因此，可以获得表示大脑结构连通性的图。

有一篇论文将图神经网络与由 DTI 数据生成的图结合了起来，该论文便是 Multiple Sclerosis Clinical Profiles via Graph Convolutional Neural Networks（《通过图卷积神经网络剖析多发性硬化症》），其网址如下。

https://www.frontiersin.org/articles/10.3389/fnins.2019.00594/full

❑ 可以使用图论分析功能和结构连接。有若干项研究增强了与神经退行性疾病（例如阿尔茨海默氏症、多发性硬化症和帕金森氏症等）相关的此类网络的显著改变。最终结果是一个描述不同大脑区域之间连接的图，如图 10.5 所示。

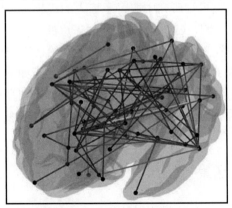

图 10.5 大脑区域之间的连接图

在图 10.5 中，可以看到不同的大脑区域如何被视为图的节点，而这些区域之间的连接则是边。

图机器学习已被证明对这种分析非常有用。目前人们已经进行了不同的研究，以根据大脑网络自动诊断特定的病理，从而预测网络的演变（例如，识别未来可能受到病理影响的潜在脆弱区域）。

网络神经科学是一个很有前景的领域，未来将从这些网络中收集越来越多的见解，以便能够了解病理改变并预测疾病的演变。

10.5.2　图论与化学和生物学

图机器学习也可以应用于化学。例如，图提供了一种描述分子结构（Molecular Structure）的自然方法，将原子视为图的节点，将键视为它们的连接。此类方法已被用于研究化学系统的不同方面，包括表示反应和学习化学指纹（指示化学特征或子结构的存在与否）等。

在生物学中也可以找到一些应用，其中许多不同的元素都可以表示为图。例如，蛋白质-蛋白质相互作用（Protein-Protein Interaction，PPI）就是研究最广泛的主题之一。我们可以构建一个图，其中节点代表蛋白质，边代表它们的相互作用。这种方法使研究人员能够利用 PPI 网络的结构信息，这在 PPI 预测中已被证明是有用的。

10.5.3　图机器学习和计算机视觉

深度学习的兴起，尤其是卷积神经网络（Convolutional Neural Network，CNN）技术的出现，使得人们在计算机视觉研究中取得了惊人的成果。对于一些广义任务，例如图像分类、对象检测和语义分割，CNN 被认为是最先进的。

然而，最近，计算机视觉的一些核心问题已经开始使用图机器学习技术——尤其是几何深度学习（Geometric Deep Learning）——来解决。正如本书所介绍过的，表示图像的 2D 欧几里得域与更复杂的对象（如 3D 形状和点云）之间存在根本差异。图机器学习和计算机视觉结合的应用示例包括：从 2D 和 3D 视觉数据恢复世界的 3D 几何、场景理解、立体匹配和深度估计等。

10.5.4　图像分类与场景理解

图像分类是计算机视觉中研究最广泛的任务之一，虽然目前仍由基于 CNN 的算法主导，但也已经开始从不同的角度进行处理。

图神经网络模型已经显示出有吸引力的结果，尤其是当大量标记数据不可用时。特别是，将这些模型与零样本和少样本学习技术相结合已是一种趋势。

图神经网络的目标是对模型在训练期间从未见过的类进行分类。例如，可以通过利用未见对象如何与可见对象"语义上"相关的知识来实现。

类似的方法也被应用于场景理解。使用场景中检测到的对象之间的关系图可提供图像的可解释结构化表示。这可用于支持各种任务的高级推理，包括自动生成字幕和视觉问答等。

10.5.5　形状分析

与由二维像素网格表示的图像不同，有多种表示 3D 形状的方法，如多视图图像（Multi-View Image）、深度图（Depth Map）、体素（Voxel）、点云（Point Cloud）、网格（Mesh）和隐式曲面（Implicit Surface）等。然而，在应用机器和深度学习算法时，可以利用这种表示来学习特定的几何特征，这对于设计更好的分析很有用。

在这种情况下，几何深度学习技术已经显示出有希望的结果。例如，图神经网络（GNN）技术已成功应用于寻找可变形的形状之间的对应关系，这是一个经典问题，可用于多种应用，包括纹理动画和映射，以及场景理解等。如果读者对此感兴趣，可以在以下网址找到一些很好的资源来帮助理解图机器学习的这种应用。

https://arxiv.org/pdf/1611.08097.pdf

http://geometricdeeplearning.com/

10.5.6　推荐系统

图机器学习的另一个有趣应用是在推荐系统中，我们可以用它来预测用户对项目的"评级"或"偏好"。本书在第 6 章"社交网络图"中提供了一个示例，说明如何使用链接预测来构建向给定用户或客户提供推荐的自动算法。

在论文 Graph Neural Networks in Recommender Systems: A Survey（《综述：推荐系统中的图神经网络》）中，作者提供了对用于构建推荐系统的图机器学习算法的广泛调查。更具体地说，作者描述了不同的图机器学习算法及其应用。该论文的网址如下。

https://arxiv.org/pdf/2011.02260.pdf

10.6　小　　结

本章介绍了一些新兴的图机器学习算法及其在新领域的应用。

首先，本章使用第 8 章"信用卡交易的图分析"中提供的示例讨论了一些图数据的采样和增强算法，并提供了一些可用于处理图采样和图数据增强任务的 Python 库。

然后，本章还介绍了拓扑数据分析以及该技术在不同领域中的最新应用。

最后，我们探讨了一些新的应用领域，如神经科学、化学和生物学。我们还介绍了机器学习算法如何应用于解决其他任务，如图像分类、形状分析和推荐系统等。

本书介绍了目前来说最重要的图机器学习技术和算法。读者现在应该能够处理图数据并构建机器学习算法。我们希望读者的工具包中能够拥有更多工具，并且可以使用它们来开发令人兴奋的应用程序。

图机器学习的世界令人着迷且发展迅速。每天都有新的研究论文发表，并有令人难以置信的发现。不断查阅科学文献是发现新算法的最佳方式，而 arXiv 则是搜索免费科学论文的最佳场所。其网址如下。

https://arxiv.org/